ÉTUDES

SUR LE VINAIGRE.

PARIS. — IMPRIMERIE DE GAUTHIER-VILLARS,
Rue de Seine-Saint-Germain, 10, près l'Institut.

ÉTUDES

SUR LE VINAIGRE,

SA FABRICATION,

SES MALADIES, MOYENS DE LES PRÉVENIR;

NOUVELLES OBSERVATIONS

SUR LA CONSERVATION DES VINS PAR LA CHALEUR;

PAR M. L. PASTEUR,

MEMBRE DE L'INSTITUT.

PARIS,

GAUTHIER-VILLARS,	VICTOR MASSON ET FILS,
IMPRIMEUR-LIBRAIRE,	LIBRAIRES,
Quai des Grands-Augustins, 55.	Place de l'École de Médecine.

1868

TABLE DES MATIÈRES.

AVERTISSEMENT.

J'ai publié en 1864, dans les *Annales scientifiques de l'École Normale supérieure*, un *Mémoire sur la fermentation acétique*, auquel on doit la connaissance exacte des principes de la fabrication des vinaigres de vin et d'alcool par les procédés connus sous les noms de *procédé d'Orléans* et de *procédé allemand*.

A diverses reprises, j'ai été sollicité de donner à ces études un genre de publicité qui les rendît accessibles à tous les négociants occupés de l'industrie des vinaigres. J'ai pu me convaincre récemment que les regrets touchant la publicité trop restreinte de mon travail étaient partagés par beaucoup de personnes, car j'ai été prié par M. le Maire et par M. le Président de la Chambre de Commerce d'Orléans de vouloir bien exposer publiquement les résultats de mes recherches aux fabricants de cette ville, où l'industrie du vinaigre de vin est séculaire et jouit d'une réputation méritée. Je me suis empressé d'accepter cette invitation.

Les circonstances que je viens de rappeler m'ont engagé à réunir dans une brochure mon Mémoire de 1864 et la Conférence que j'ai faite à Orléans, dans laquelle j'ai résumé sous une forme élémentaire les observations les plus importantes relatives à la fabrication du vinaigre de vin et l'indication des perfectionnements et des procédés nouveaux dont elle est susceptible.

A propos de la conservation du vinaigre, je reviens sur les principes de la conservation des vins exposés dans mes *Études sur le vin*, et dont l'application par l'industrie prend chaque jour plus d'importance. Des appareils nouveaux fonctionnant sur une grande échelle se répandent de plus en plus, et le commerce acquiert la conviction que les vins les plus altérables possèdent après l'opération du chauffage préalable des propriétés de conservation inconnues autrefois, même pour les meilleurs vins.

Des vins qu'il fallait consommer sur place dans l'intervalle de la première année de leur production, peuvent se transporter aujourd'hui jusque dans les pays les plus éloignés du globe, naturels, avec toutes leurs qualités hygiéniques, sans addition préalable d'alcool.

Des vins commençant à tourner ou à s'aigrir s'améliorent sur-le-champ par l'opération du chauffage et sont préservés de toute atteinte ultérieure de maladie quelconque.

On avait craint que, pour les vins communs, le prix du chauffage fût trop élevé : aujourd'hui il existe des appareils qui n'exigent pas une dépense de plus de 10 centimes par hectolitre, et qui peuvent chauffer jusqu'à 10 hectolitres à l'heure.

Je puis donc assurer que le problème de la conservation des vins, qui a préoccupé les plus savants œnologues dans l'antiquité et de nos jours, est résolu aujourd'hui, aussi bien pratiquement que théoriquement.

ÉTUDES

SUR LE VINAIGRE.

LEÇON SUR LE VINAIGRE DE VIN

PROFESSÉE A ORLÉANS LE 11 NOVEMBRE 1867.

PREMIÈRE PARTIE.

I.

Messieurs,

M. le Maire d'Orléans et M. le Président de la Chambre de commerce ayant appris que je m'étais occupé de la fermentation qui donne le vinaigre m'ont prié de vouloir bien venir exposer devant les fabricants de vinaigre de cette ville les résultats de mon travail.

Je me suis rendu avec empressement à cette invitation en m'associant au désir qui l'a provoquée, celui d'être utile à une industrie qui est une des sources de la fortune de votre cité et de votre département.

II.

Le fait fondamental sur lequel repose toute la fabrication du vinaigre de vin, le seul qui mérite le nom de vinaigre et dont je veuille vous entretenir ce soir, est connu dès la plus haute antiquité. Dans un pays vinicole, il n'est personne qui n'ait fait la remarque que le vin abandonné à lui-même dans des circonstances ordinaires, naturellement propres au maniement de cette boisson, se transforme fréquemment en vinaigre. Tel est le fait vulgaire que je me propose d'étudier scientifiquement dans cette conférence. Je chercherai ensuite à déduire, des connaissances que nous aurons acquises, les moyens d'améliorer l'industrie du vinaigre de vin, industrie qui est née de l'observation de ce fait.

III.

Voici du vin qui s'est transformé en vinaigre après avoir été abandonné à lui-même durant quelques semaines.

Quelles sont les conditions qui ont déterminé cette transformation? Assurément il en est de particulières, car il ne faudrait pas croire que du vin abandonné à lui-même devienne toujours du vinaigre. Je couche horizontalement cette bouteille bouchée et pleine de vin. Quelle que soit la nature du vin, à quelque température qu'il soit exposé, dans aucune circonstance il ne se transformera en vinaigre. Tout au plus pourrait-il prendre une acidité faible, nullement comparable en intensité à celle du vinaigre, et dont la cause n'aurait d'ailleurs rien de commun avec celle de la transformation du vin en vinaigre.

IV.

C'est qu'une condition indispensable de transformation du vin en vinaigre réside dans la présence de l'air.

Lorsque du vin s'aigrit en bouteilles, soyez assuré que les bouteilles sont debout et plus ou moins en vidange, c'est-à-dire qu'il y a de l'air dans la bouteille, ne fût-ce que dans l'intervalle d'un travers de doigt entre le bouchon et le niveau du liquide.

Comment cet air intervient-il dans l'acte chimique de la transformation du vin en vinaigre?

V.

Je serai mieux compris dans ma réponse à cette question si je commence par vous donner une idée de la différence de nature du vin et du vinaigre.

Voici deux appareils distillatoires semblables. Dans l'un nous chauffons du vin, dans l'autre du vinaigre qui a été produit avec le vin du premier appareil. De part et d'autre, vous le voyez, nous avons recueilli dans le vase condenseur un liquide limpide et incolore, mais ces deux liquides ont des propriétés essentiellement différentes. Je chauffe dans cette soucoupe une portion de celui que le vin a fourni, et, dès que vous verrez apparaître des vapeurs, elles s'enflammeront au contact de la flamme de la lampe que je tiens à la main. Rien de pareil ne se manifestera dans cette autre soucoupe où je chauffe par comparaison le liquide provenant de la distillation du vinaigre.

Les anciens chimistes appelaient *esprit* toute matière volatile que l'on peut recueillir par la distillation : c'était la quintessence des choses. L'*esprit-de-vin*, qu'ils appelaient encore *esprit ardent* à cause de la propriété que possèdent ses vapeurs de s'enflammer au contact de l'air et d'un corps en combustion. porte le nom d'*alcool* lorsqu'on l'a débarrassé de toute l'eau à laquelle il est nécessairement mélangé par la distillation. On a donné le nom d'*acide acétique* à l'esprit du vinaigre quand il est privé d'eau.

L'alcool est toujours liquide. L'acide acétique peut cristalliser facilement quand on abaisse sa température.

1.

L'esprit-de-vin n'altère en rien la couleur bleue de la teinture de tournesol. L'esprit de vinaigre, comme vous le voyez ici, la rougit sur-le-champ.

Lorsque du vin s'est transformé en vinaigre, l'alcool du vin est donc remplacé par une substance d'une nature toute différente, l'acide acétique. J'ajoute d'ailleurs que l'esprit de vinaigre n'est mélangé à aucune partie quelconque d'esprit-de-vin quand le vinaigre est bien achevé.

Telle est la différence essentielle entre un vin et le vinaigre provenant de ce vin : l'alcool a fait place à de l'acide acétique.

VI.

Mais la présence de l'air étant nécessaire à la transformation du vin en vinaigre, vous entrevoyez dès lors cette conséquence probable, que c'est l'air qui, en se fixant sur l'alcool du vin, doit changer cette substance en acide acétique.

C'est bien ainsi que les choses se passent ; seulement ce ne sont pas tous les principes de l'air qui interviennent et qui se combinent à la fois à l'alcool du vin.

L'air atmosphérique résulte principalement du mélange de deux corps simples gazeux, l'azote et l'oxygène ; l'azote y entre pour les $\frac{4}{5}$ du volume total et l'oxygène pour $\frac{1}{5}$ environ. Dans la transformation du vin en vinaigre, l'azote demeure inactif ; l'oxygène seul entre en combinaison avec l'alcool. En d'autres termes, la transformation du vin en vinaigre est le résultat d'une oxydation ; c'est une combustion sans flamme, une combustion lente, suivant l'expression consacrée.

Je vais mettre sous vos yeux quelques expériences simples et tout à fait démonstratives des assertions qui précèdent.

Dans ce ballon de verre de 2 litres de capacité j'ai placé du vin dans les conditions propres à l'acétification. Entre autres

précautions, j'ai eu soin de laisser un grand volume d'air,
c'est-à-dire que le vin n'occupe qu'une petite fraction du volume du ballon. J'ai fermé le ballon à l'aide d'un excellent
bouchon, et, pour être mieux assuré de sa fermeture, j'ai ren-
versé le ballon et fait plonger le col et le bouchon dans l'eau.
Si ce que j'ai avancé est vrai et que le vin se soit aigri, voici ce
qui a dû se passer : l'oxygène de l'air contenu dans le vase s'est
fixé sur l'alcool et il ne doit plus y avoir en ce moment dans le
ballon que du gaz azote raréfié au lieu d'air ordinaire. En conséquence, si je débouche le ballon dans une cuve pleine d'eau,
l'eau de la cuve rentrera brusquement. Je fais l'expérience, et
vous voyez, en effet, l'eau se précipiter avec violence. Une
mesure assez facile à faire montrerait qu'il en est rentré un
volume précisément égal au cinquième du volume primitif de
l'air.

Recueillons le gaz qui reste dans le ballon, et il ne me sera
pas difficile de vous montrer : 1° qu'une allumette enflammée
s'y éteint comme si on la plongeait dans l'eau; 2° qu'un oiseau
y périt asphyxié sur-le-champ : ce gaz n'est plus que de l'azote.

VII.

Nous sommes édifiés sur la nature chimique de la transformation du vin en vinaigre; c'est bien, comme je l'ai dit, un
phénomène d'oxydation. Aussi vous ne serez pas surpris si,
comparant les compositions de l'alcool et de l'acide acétique,
nous trouvons que l'acide acétique est une substance plus
riche en oxygène que l'alcool. Ces comparaisons si difficiles
autrefois, qu'il eût été même impossible de faire pour le sujet
qui nous occupe il y a soixante ans à peine, sont devenues un
jeu par suite des progrès de l'analyse chimique.

Sur 100 parties en poids, l'alcool renferme :

$$
\begin{array}{lr}
\text{Charbon} & 52,18 \\
\text{Hydrogène} & 13,04 \\
\text{Oxygène} & 34,78 \\
\hline
& 100,00
\end{array}
$$

et l'acide acétique :

$$
\begin{array}{lr}
\text{Charbon} & 40,00 \\
\text{Hydrogène} & 6,67 \\
\text{Oxygène} & 53,33 \\
\hline
& 100,00
\end{array}
$$

L'acide acétique contient donc plus de 53 pour 100 de son poids d'oxygène, tandis que l'alcool n'en renferme pas 35 pour 100. Néanmoins, l'acide acétique n'est pas le seul produit de l'oxydation de l'alcool; en d'autres termes, on ne saurait représenter l'acide acétique par de l'alcool et de l'oxygène : c'est que la transformation s'accompagne toujours de la production d'une certaine quantité d'eau. La réaction chimique complète peut s'exprimer ainsi :

46 parties en poids d'alcool, unies à 32 parties d'oxygène, forment 60 parties d'acide acétique et 18 parties d'eau.

Il résulte de ces données numériques qu'un vin qui renfermerait à la température de 15 degrés centigrades 10 pour 100 de son volume d'alcool, ce qui fait en poids $7^{gr},94$, parce que à 15 degrés un litre d'alcool pur pèse 794 grammes, fournirait un vinaigre contenant $\frac{60}{46}\, 7,94 = 10^{gr},36$ d'acide acétique. 10 pour 100 d'alcool dans le vin, l'évaluation étant faite en volume, correspondent donc à 10.36 pour 100 d'acide acétique en poids : c'est presque le même chiffre. Grâce à cette coïncidence et l'usage ayant prévalu d'évaluer l'alcool en centièmes du volume du vin et l'acide acétique en poids, on peut dire qu'un *degré* d'alcool doit faire très-sensiblement un *degré* d'acide acétique. Un vin qui renferme 6, 7, 8,... pour 100 d'alcool doit donner un vinaigre à 6, 7, 8,... pour 100 d'acide acétique. A Orléans, la moyenne pour le bon vinaigre est 7 ou 7,5 pour 100 d'acide acétique.

Mais il ne faut pas oublier la convention tacite qui permet d'employer le langage qui précède. Le mot *degré*, quand il s'applique à la proportion d'alcool contenu dans le vin, n'a pas la même signification que le mot *degré* employé pour désigner la quantité d'acide acétique que renferme le vinaigre. Pour le vin l'évaluation de l'alcool se fait en volume à l'alcoomètre de Gay-Lussac, et pour le vinaigre l'évaluation de l'acide acétique se fait en poids au moyen d'une liqueur normale acétimétrique.

VIII.

Revenons à l'explication du fait de la transformation du vin en vinaigre. En bornant nos connaissances à ce qui précède, il semblerait que de l'alcool étendu d'eau, exposé à l'air, devrait fournir de l'acide acétique : il n'en est rien cependant. Voici de l'eau pure alcoolisée au degré des vins ordinaires et qui est exposée au contact de l'air dans un vase non fermé; elle y séjournerait des années entières sans qu'il y eût jamais la moindre acétification.

Quelle peut être la cause de la différence considérable que nous présentent sous ce rapport le vin naturel et l'eau pure alcoolisée? Pourquoi, dans les deux cas, l'oxygène de l'air ne se fixe-t-il pas également bien sur l'alcool? C'est qu'il existe dans le vin, a-t-on dit, quelque chose qui provoque l'union de l'oxygène de l'air avec l'alcool. L'eau alcoolisée est privée au contraire de cet intermédiaire.

Mais quelle est donc la substance qui peut avoir une influence pareille ?

IX.

Nous touchons ici à l'un des points les plus curieux de notre sujet, car il s'agit du principe même des fermentations, de ces phénomènes chimiques extraordinaires et mystérieux les plus dignes des méditations du savant aussi bien que de l'homme du monde.

On a donné le nom générique de *fermentation* à tous ces mouvements intestins qui s'accomplissent d'eux-mêmes après la mort dans tous les êtres organisés et en général dans toute matière qui a fait partie d'un être vivant.

Rappelons quelques-uns de ces phénomènes remarquables : le jus du raisin bouillonne dans la cuve de vendange par le dégagement du gaz acide carbonique, la pâte de farine se soulève et s'aigrit, le lait se caille, le sang se putréfie, la paille rassemblée devient du fumier, les feuilles et les plantes mortes enfouies dans la terre se transforment en terreau.... Le caractère commun de toutes ces actions chimiques est la spontanéité. Ils sont l'œuvre du temps et des forces naturelles ; la main de l'homme n'y intervient en quoi que ce soit. La raison en est simple : c'est une loi de l'univers que tout ce qui a vécu disparaisse. Il faut de toute nécessité que les matériaux des êtres vivants fassent retour, après leur mort, au sol et à l'atmosphère, sous forme de substances minérales ou gazeuses telles que la vapeur d'eau, le gaz carbonique, le gaz ammoniac, le gaz azote, principes simples et voyageurs que les mouvements de l'atmosphère peuvent transporter d'un pôle à l'autre et chez lesquels la vie peut aller à nouveau puiser les éléments de sa perpétuité indéfinie. C'est principalement par des actes de fer-

mentation et de combustion lente que s'accomplit cette loi naturelle de la dissolution et du retour à l'état gazeux de tout ce
qui a vécu.

L'acte chimique qui est le sujet de notre entretien n'est rien
autre chose qu'un de ces phénomènes de fermentation et de
combustion lente; c'est une des étapes naturelles de la destruction et de la *gazéification*, dans certaines conditions déterminées, de la matière sucrée si abondamment répandue dans
les plantes. En effet, le sucre du raisin fermente, et ses principes, sous leur forme nouvelle, composent le vin. Le vin à
son tour, livré à lui-même, devient vinaigre; et, vous en serez
témoins tout à l'heure, le vinaigre exposé au contact de l'air se
transforme en eau et en gaz acide carbonique. A ce terme,
l'œuvre de la mort et de la destruction qui la suit est achevée
pour la matière sucrée; et ses principes élémentaires, le char-
bon, l'hydrogène et l'oxygène, ont repris la forme sous laquelle
ils sont prêts à rentrer dans un nouveau cercle de vie.

X.

Quelle est donc la cause occasionnelle de tous ces phénomènes naturels de fermentations, de putréfactions et de combustions lentes?

A la fin du siècle dernier, un chimiste italien nommé Fabroni émit l'opinion, qu'il appuya d'observations diverses, que
la fermentation vineuse, l'une des plus remarquables assurément, était due à la présence d'une matière d'origine végétale,
mais dont les propriétés la rapprochent des substances ani-
males, telles que l'albumine du blanc d'œuf, la fibrine de nos
muscles. Il identifiait cette matière avec le gluten de la farine,
et il la désignait sous le nom de *principe végéto-animal*. Tel

était le ferment, et, selon lui, c'était parce qu'il y avait toujours de ce ferment en proportions plus ou moins grandes dans le raisin, que la vendange fermentait et devenait du vin.

La théorie de Fabroni a été appliquée par les chimistes modernes à toutes les fermentations. On prétendit que les matières albuminoïdes exposées au contact de l'air éprouvaient des altérations progressivement variables, et que sous leurs diverses modifications elles constituaient des ferments de diverses natures. Les fermentations étaient des effets de mouvements communiqués.

XI.

L'acétification faisant partie de la classe des phénomènes naturels qui offrent les caractères principaux des fermentations, on s'est empressé depuis longtemps de la soumettre à la théorie inaugurée par l'ouvrage de Fabroni.

Si l'eau alcoolisée pure, a-t-on dit, ne peut s'acétifier au contact de l'air à la manière du vin, c'est que le vin renferme le principe végéto-animal, une des formes de la matière albuminoïde, qui, au contact de l'air, devient ferment acétique.

Une expérience curieuse, du genre de celles que Fabroni avait instituées pour la fermentation vineuse, paraissait appuyer cette opinion. Ajoutez, en effet, au mélange d'eau et d'alcool, tout à fait impropre à l'acétification, soit un peu de farine, soit un peu de sang, soit un peu de jus de viande, soit enfin une portion minime d'un jus végétal quelconque, et vous verrez la fermentation acétique prendre naissance pour ainsi dire d'une manière obligée.

XII.

La théorie de Fabroni, telle que ce chimiste l'a exposée, ou l'expression plus moderne qui lui a été donnée dans notre siècle, sont à beaucoup d'égards inexactes. Sur le point capital, les observateurs ont été le jouet d'une illusion. Sans doute, il existe dans le vin, quand il s'aigrit, un intermédiaire obligé de la fixation de l'oxygène de l'air, puisque, dans aucune circonstance, l'alcool pur, à un degré quelconque de dilution dans l'eau pure, ne peut se transformer en vinaigre. Mais cet intermédiaire obligé n'est point une substance albuminoïde morte : c'est une plante, de toutes les plantes la plus petite et la plus simple qui soit au monde, et qu'un botaniste, Persoon, a désignée, en 1822, sous le nom de *mycoderma aceti*. On la connaissait avant lui sous la dénomination vulgaire de *fleurs du vinaigre*.

Je projette ici sur ce tableau l'image de ce champignon agrandie à l'aide d'un microscope qu'éclaire la lumière électrique (*fig.* 1, p. 12). Vous le voyez formé d'articles plus ou moins étranglés, plus ou moins courts, quelquefois ressemblant à des granulations. Leur diamètre n'atteint pas le plus souvent 1 millième et demi de millimètre; ils sont joints les uns aux autres par une substance mucilagineuse presque invisible.

Je ne connais pas une seule circonstance bien étudiée dans laquelle du vin se soit transformé en vinaigre en dehors de la présence de ce mycoderme. Souvent il est des plus apparents, comme dans les vases qui sont sous vos yeux, où j'ai provoqué l'acétification la plus active : quelquefois il est en voile si léger à la surface du vin, qu'on le croirait absent : cela arrive particulièrement dans le cas où du vin s'aigrit lentement dans une bouteille debout, bien bouchée. L'accès de l'air n'étant possible que par les pores du bouchon ou parce que celui-ci ne ferme pas hermétiquement, il se fait avec une lenteur extrême; l'acétification est elle-même très-retardée et difficile. Souvent

alors le mycoderme se multiplie très-péniblement et il est à
peine visible ; pour autant il n'est point absent. Videz un peu

Fig. 1.

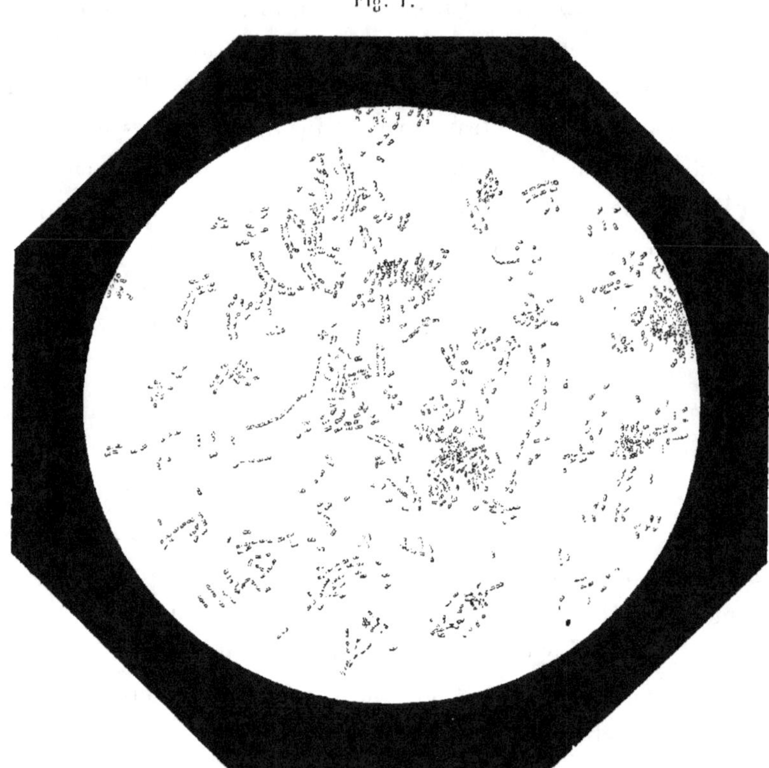

du liquide de la bouteille, et il vous sera facile d'apercevoir sur
les parois du goulot un petit cercle grisâtre d'une substance
un peu grasse au toucher que vous reconnaîtrez au microscope
pour le *mycoderma aceti*.

Je le répète donc, ce petit champignon est toujours présent
à la surface d'un vin qui se transforme en vinaigre.

Mais est-ce bien là cet intermédiaire que nous cherchions
tout à l'heure et dans lequel réside la propriété de fixation de

l'oxygène de l'air sur l'alcool? Sa présence sur le vin, dans les conditions propres à l'acétification, n'est-elle pas l'effet d'une simple coïncidence? Ne sait-on pas que toutes les fois qu'une infusion de matière organique est exposée au contact de l'air elle se couvre de végétations cryptogamiques ou qu'elle est envahie par une foule d'animalcules? Le vinaigre n'est-il pas une infusion végétale particulière?

Telle était, en effet, l'opinion générale, d'autant plus spécieuse ici, que le vinaigre donne également asile à une foule de petits animaux bien connus sous le nom d'*anguillules* du vinaigre.

J'insiste sur ces détails afin de vous faire apprécier toutes les incertitudes de la méthode expérimentale, méthode si sûre néanmoins quand elle est sévèrement appliquée et à laquelle les sciences modernes doivent de si étonnants progrès. Le danger est toujours dans l'interprétation inexacte des faits. Les plus habiles y bronchent à chaque pas. Aussi le grand art consiste à instituer des expériences décisives, ne laissant aucune place à l'imagination de l'observateur. Au début des recherches expérimentales sur un sujet déterminé quelconque, l'imagination doit donner des ailes à la pensée. Au moment de conclure et d'interpréter les faits que les observations ont rassemblés, l'imagination doit au contraire être dominée et asservie par les résultats matériels des expériences.

XIII.

Arrivons donc à ces preuves décisives en ce qui concerne l'erreur de la théorie ancienne des fermentations appliquée à la fermentation acétique, et en ce qui touche au véritable rôle du *mycoderma aceti.*

J'ai placé dans cette fiole de verre hermétiquement close du vin et de l'air, mais avec la précaution de chauffer le vin et de chauffer l'air. Je ne m'arrêterai pas aux détails de la manipulation qui n'auraient pas grand intérêt. L'observation établit que, dans ces conditions, jamais le vin ne se transforme en vinaigre. Je ne vois plus ici la possibilité de soutenir la théorie de la matière albuminoïde-ferment.

On pourrait objecter, il est vrai, qu'en chauffant le vin on a altéré la matière albuminoïde du vin et que c'est là ce qui s'oppose à ce qu'elle agisse comme ferment et qu'elle détermine la fixation de l'oxygène de l'air sur l'alcool.

Cette objection tombe devant l'expérience suivante : ouvrez la fiole; placez le vin qui a été chauffé au libre contact de l'air ordinaire, et l'acétification du vin pourra avoir lieu.

Voici des faits bien plus décisifs encore.

Nous avons dit que l'eau alcoolisée pure ne s'acétifiait jamais, à moins de mettre en sa présence une matière albuminoïde. Or j'ai reconnu que l'on pouvait supprimer complétement cette matière albuminoïde et la remplacer par des substances salines cristallisables, phosphates alcalins et terreux auxquels on a adjoint le phosphate d'ammoniaque. Le mycoderme peut se développer quoique péniblement dans ces conditions, et l'alcool s'acétifie, surtout si l'on a acidulé le liquide par de l'acide acétique pur.

Qu'est-ce donc que les matières albuminoïdes du vin? Évidemment elles ne sont pas le ferment, mais elles doivent être d'après l'expérience précédente et elles sont, en effet, l'aliment du ferment, l'aliment du *mycoderma aceti*, notamment son aliment azoté.

XIV.

Nous avons maintenant une connaissance complète de toutes les conditions de la transformation du vin en vinaigre. Aussi toutes les difficultés qui nous ont arrêté chemin faisant peuvent s'expliquer avec une facilité remarquable.

1. Dans ce vase où il y a du vin chauffé préalablement et de l'air qui a été porté lui-même à une température élevée, le vin ne s'aigrit jamais! C'est parce qu'on a tué par l'élévation de température les germes du *mycoderma aceti* et ceux que le vin pouvait contenir et ceux qui pouvaient être en suspension dans l'air.

2. Dans ce vase où il y a du vin qui a été chauffé, mais exposé au libre contact de l'air ordinaire, le vin peut s'aigrir! C'est que si l'on a tué les germes du *mycoderma aceti* propres au vin, on n'empêche pas ceux qui peuvent être en suspension dans l'air de tomber dans le vin et d'y germer.

3. L'eau alcoolisée pure ne s'acétifie pas, bien que les germes en suspension dans l'air puissent y tomber, ou que le liquide ait pu en prendre aux poussières des vases qu'il a touchés! C'est que ces germes sont inféconds parce qu'ils n'ont pas d'aliments convenables à leur disposition.

4. Du vin en bouteille pleine et couchée ne s'acétifie pas! C'est que le *mycoderma aceti* ne peut se multiplier. L'air peut bien entrer par les pores du bouchon; mais le vin, rouge ou blanc, contient toujours des principes oxydables, des matières colorantes ou colorables qui s'emparent peu à peu de l'oxygène et n'en laissent pas du tout aux germes du mycoderme que le vin peut contenir et qu'il contient, en effet, le plus souvent.

Quand une bouteille est debout, les conditions de l'oxydation sont tout autres : les germes de la surface sont entourés d'air.

DEUXIÈME PARTIE.

XV.

J'arrive maintenant à la partie pratique de mon sujet.

Ce que nous venons d'exposer se résume dans quelques propositions très-simples.

La formation du vinaigre est toujours précédée, sans aucune exception, du développement à la surface du vin d'une petite plante formée d'articles d'une ténuité extrême, mais dont l'accumulation donne lieu soit à un voile uni, léger, quelquefois à peine visible, soit à un voile chagriné, ridé, plus ou moins épais, gras au toucher, parce que la plante s'accompagne dans sa multiplication de matières grasses diverses.

Ce cryptogame jouit de la propriété singulière d'absorber, de condenser des quantités considérables de gaz oxygène et d'en provoquer la fixation sur l'alcool, ce qui transforme cette substance en acide acétique.

Cette petite production végétale n'a pas moins d'exigences que les grands végétaux ; il lui faut pour vivre des aliments appropriés : le vin les lui offre en abondance.

Elle se plaît, si j'ose ainsi parler, dans les climats chauds ; aussi, pour la cultiver dans nos régions tempérées, il est convenable de la placer dans des locaux chauffés artificiellement, surtout pendant l'hiver.

Le vin, ainsi que je viens de le rappeler, renferme tous les
éléments nécessaires à la vie de ce mycoderme : matière azotée,
phosphates de magnésie et de potasse. Mais ce sol, tout convenable qu'il se montre, serait bien préférable encore s'il était
rendu plus acide par l'acide acétique, car cette plante se plaît
à la surface des liquides d'où s'exhalent des vapeurs d'acide
acétique. Il faut d'ailleurs que vous sachiez qu'elle a un ennemi, sa mauvaise herbe à elle, le *mycoderma vini*, autrement
dit la *fleur du vin*, dont je vais projeter l'image agrandie sur
le tableau (*fig.* 2). Ces cellules bourgeonnantes se multiplient de

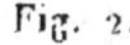

Fig. 2.

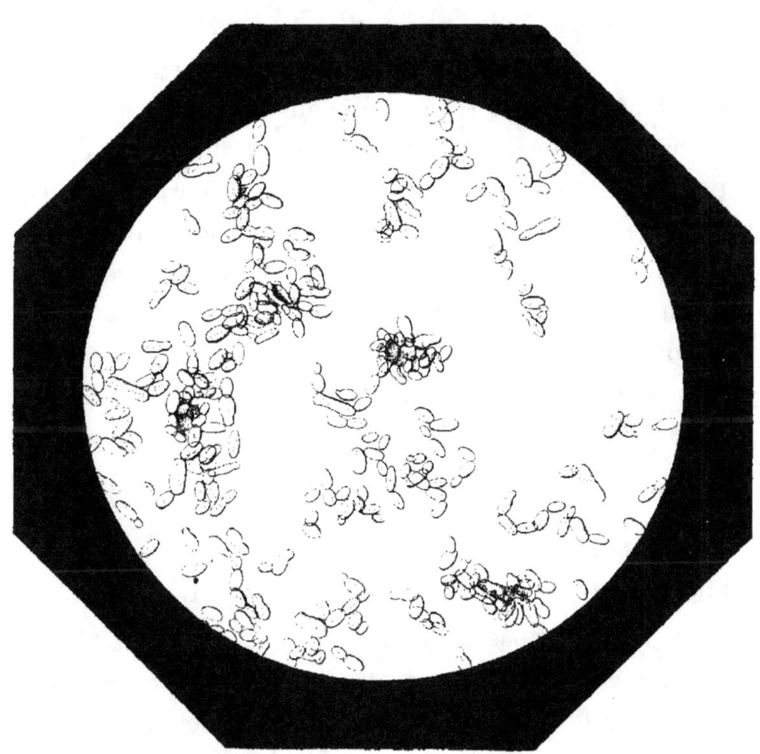

préférence sur le vin dans son état naturel ; c'est le sol qui leur

convient le mieux. Elles ne sauraient prospérer au contraire
sur les liquides rendus acides par l'acide acétique.

Cela posé, quoi de plus simple que de fabriquer du vinaigre
de vin, ce vinaigre qui fait à juste titre la réputation de la
fabrication orléanaise?

Prenez du vin, et, après l'avoir mélangé avec du vinaigre
déjà formé, semez à sa surface la plante ouvrière de la fabrication. A cet effet, comme je le pratique sous vos yeux, il suffit
de prélever un peu du voile mycodermique dans un liquide qui
en est recouvert et de le transporter, au moyen d'une spatule
de bois sur laquelle on le recueille, à la surface du nouveau
liquide à acétifier. Les matières grasses qu'il renferme s'opposant à ce qu'il soit facilement mouillé, il s'étale à la surface du
liquide sans tomber au fond. Si nous opérons en été ou en
hiver dans une pièce chauffée à 15 ou 20 degrés centigrades,
déjà après vingt-quatre ou quarante-huit heures au plus, le
mycoderme couvrira toute la surface, tant est rapide et facile
son développement, et en quelques jours tout le vin sera transformé en vinaigre. L'étendue de la surface du liquide est sans
importance; ce qui a lieu pour une place a lieu pour la place
voisine. Je me ferais fort de couvrir de *mycoderma aceti*, dans
l'intervalle de quarante-huit heures, une surface de la grandeur
de cette salle.

XVI.

Mais où trouver le mycoderme une première fois pour en
semer, si l'on n'est pas à proximité d'une vinaigrerie? Rien de
plus simple. Le *mycoderma aceti* est une de ces petites productions, dites *spontanées*, que l'on voit se former d'elles-mêmes
à la surface des liquides appropriés à leur développement.
Dans le vin, dans le vinaigre, en suspension dans l'air, partout,

il existe des germes de cette petite plante. Voulez-vous donc
vous procurer du mycoderme une première fois, il vous suffira
de placer dans un endroit chaud un mélange de vin et de vinaigre. Dans l'intervalle de quelques jours vous verrez apparaître çà et là de petites taches grises, diffusant la lumière au
lieu de la réfléchir à la manière du liquide voisin, lesquelles
taches iront s'étendant progressivement et rapidement. C'est le
mycoderma aceti, né *spontanément*, à l'aide des semences que
le vin ou le vinaigre qui lui a été ajouté renfermaient, ou que
l'air a déposées, comme on voit la terre des champs se couvrir
d'herbes diverses par les semences naturellement éparses dans
cette terre, ou que le vent ou les animaux y ont apportées.
Jusque dans cette dernière circonstance la comparaison peut se
poursuivre, car, aussitôt que vous placez dans un local chaud
du vin et du vinaigre, il est remarquable combien souvent il faut
peu de temps pour que l'on voie apparaître de petites mouches
rougeâtres, habitants ordinaires des vinaigreries et de tous les
lieux où des matières végétales s'aigrissent. Elles aussi avec
leurs pattes, avec leurs suçoirs, elles peuvent apporter la semence de la vinaigrerie voisine.

XVII.

Rien de plus simple que la disposition d'une vinaigrerie
d'Orléans. Elle consiste essentiellement dans des rangées de
tonneaux superposés, portant sur le fond vertical antérieur une
ouverture circulaire de quelques centimètres de diamètre et un
trou plus petit voisin, dit *fausset,* pour la sortie ou la rentrée
de l'air quand la grande ouverture est bouchée par l'entonnoir
à l'aide duquel on introduit le vin, ou par le siphon qui sert à
retirer le vinaigre. Les tonneaux sont de la capacité de 230 litres, pleins à moitié. Le travail de main-d'œuvre consiste à en-

tretenir dans la vinaigrerie une température convenable et à retirer tous les huit jours environ 8 à 10 litres de vinaigre que l'on remplace par 8 à 10 litres de vin.

La mise en train d'une *mère*, c'est-à-dire d'un tonneau nouveau, est toujours fort longue. Voici un aperçu du travail qu'elle nécessite. On introduit en premier lieu dans le tonneau 100 litres de très-bon vinaigre, bien limpide, puis 2 litres de vin. Huit jours après on rajoute 3 litres de vin; encore huit jours après 4 ou 5 litres, plus ou moins, et ainsi de suite jusqu'à ce que le tonneau contienne environ 180 à 200 litres. On tire alors pour la première fois du vinaigre, de façon à ramener le volume du liquide dans le tonneau à 100 litres environ. C'est à partir de ce moment que la mère travaille et que l'on peut tirer tous les huit jours 10 litres de vinaigre et rajouter 10 litres de vin : c'est le maximum de travail d'un tonneau en huit jours. Souvent il arrive que les tonneaux fonctionnent mal et qu'il est nécessaire de diminuer leur production.

En résumé, un tonneau-mère de nouvelle mise en train ne marche bien qu'au bout de deux à trois mois, c'est-à-dire qu'il ne faut pas moins de temps avant qu'une vinaigrerie nouvellement installée puisse commencer à livrer du vinaigre au commerce.

XVIII.

Lorsque je m'occupais, il y a quelques années, de l'étude de la fermentation acétique, j'ai mis au courant des résultats qui précédent plusieurs fabricants de vinaigre d'Orléans. Parmi eux, il en est, MM. Breton-Lorion, qui ont su mettre à profit ces connaissances nouvelles avec beaucoup d'intelligence. Leur maison a monté une fabrique spéciale qui déjà produit environ 12 à 15 hectolitres de vinaigre par jour, avec un matériel très-restreint et en allant au moins cinq fois plus vite que par les anciennes pratiques, c'est-à-dire que, toutes choses égales et dans le même laps de temps, ils obtiennent 50 litres de vinaigre quand le procédé d'Orléans en fournit 10 seulement.

L'exposition de cette année au Champ de Mars de MM. Breton-Lorion était remarquable et peut-être n'a-t-elle pas été suffisamment distinguée par le Jury, car les expositions doivent récompenser particulièrement les industriels qui se sont montrés assez avisés pour introduire avec succès dans la grande pratique les résultats de la science.

XIX.

Je serais très-incomplet, à divers égards, si je n'entrais ici dans quelques développements au sujet de ce que l'on pourrait appeler les maladies des vinaigres et des vinaigreries.

Un jour, M. Breton-Lorion m'apporta à Paris un flacon rempli de masses d'aspect gélatineux qui entravaient tout le travail de sa vinaigrerie et dont il ignorait la cause ainsi que le moyen de s'en préserver.

C'est le vin que vous employez en ce moment, dis-je à M. Breton, qui est la cause occasionnelle de cette maladie dans votre fabrique. Ce vin doit être trouble et avoir éprouvé chez le vendeur un commencement d'acétification. Je suis persuadé qu'il est rempli d'articles de *mycoderma aceti*. Je vais vous les montrer au microscope; puis, en évaporant dans une capsule de porcelaine quelques centimètres cubes de vin, vous sentirez à la fin de l'évaporation l'odeur vive et franche de l'acide acétique. Tout ceci fut vérifié et trouvé exact sur-le-champ.

Je me suis assuré, en effet, que les masses muqueuses et membraneuses dont je parle sont une des formes du développement du *mycoderma aceti*, particulièrement dans les cas où le mycoderme est submergé.

Les auteurs qui ont écrit sur le vinaigre prétendent que l'on trouve de telles masses gélatineuses au fond de tous les tonneaux dans les fabriques d'Orléans et que c'est là la vraie mère du vinaigre. La vérité est qu'elles y sont inconnues et que leur présence, comme vous venez de l'entendre, est l'indice assuré d'un trouble profond dans le travail de la vinaigrerie.

On donne facilement naissance à ces matières d'aspect gélatineux en semant le mycoderme dans toute la masse du liquide et en l'empêchant de se produire sous forme de voile à la surface.

Je dirai tout à l'heure le moyen simple de prévenir cette maladie.

XX.

Dans les vases où l'on conserve le vinaigre, soit dans les fabriques, soit dans les ménages ou chez les épiciers, il arrive fréquemment que le vinaigre se trouble et s'affaiblit d'une manière extraordinaire. Il finit même par tomber en putréfaction complète si l'on ne porte pas un prompt remède au mal.

Il est facile de se rendre compte de cette altération du vinaigre. La cause qui la détermine est fort digne d'intérêt, car elle résulte d'une combustion tout à fait du même ordre que celle qui transforme le vin en vinaigre. Une question s'est peut-être présentée tout à l'heure à votre esprit lorsque j'ai démontré que l'acétification du vin résultait toujours de la présence d'un voile de *mycoderma aceti* développé *spontanément* ou par ensemencement préalable. Il est bien naturel, en effet, de se demander ce que devient le cryptogame lorsque l'acétification est terminée, c'est-à-dire quand tout l'alcool est devenu acide acétique.

Le plus souvent un changement profond se manifeste dans la structure du mycoderme, et il n'est pas rare de le voir tomber au fond des vases, mais il ne tarde pas à se reformer quoique péniblement.

Comment agit-il dans ces conditions nouvelles? Ne fonctionne-t-il plus comme un agent d'oxydation? Mes expériences ont démontré que la faculté comburante du mycoderme était loin d'être suspendue, mais qu'elle s'exerçait alors sur l'acide acétique lui-même qui se brûle comme si on le jetait au feu, car il se transforme alors intégralement en eau et en gaz acide carbonique. Les principes éthérés et aromatiques qui constituent le *bouquet* du vinaigre de vin ne sont pas davantage épargnés. Ils disparaissent même en premier lieu, et, comme il en est parmi eux qui agissent assez vivement sur les muqueuses, on est surpris de la faiblesse apparente du vinaigre quand on le flaire après ce commencement de combustion effectuée hors de la présence de l'alcool.

Il est donc indispensable de ne pas abandonner à elles-mêmes les cuves dont l'acétification est terminée; le travail doit être surveillé avec soin sous ce rapport si l'on veut conserver au vinaigre sa force et son arome.

Je place ici sous vos yeux des vases où s'opèrent depuis plusieurs jours ce curieux phénomène de la combustion du vinaigre par le mycoderme qui l'a produit. Maintes fois dans mes expériences j'ai été jusqu'à faire disparaître intégralement l'acide acétique; c'est alors que la putréfaction se déclare. Tant qu'il y a dans le vinaigre une quantité sensible d'acide acétique, il est préservé de l'envahissement des animalcules de la putréfaction. Dès que l'acidité a disparu à peu près entièrement, il se comporte à la manière des infusions organiques neutres ou légèrement alcalines.

Les accidents dont je viens de parler peuvent être évités dans une vinaigrerie par une surveillance attentive et par l'habitude prise de déterminer la teneur en alcool des vins employés et là proportion d'acide acétique des vinaigres fabriqués, ce qui peut guider dans la connaissance du terme de l'opération. C'est au commerce principalement que ces accidents sont préjudiciables lorsqu'ils viennent à se produire dans les vases où le vinaigre est conservé; mais il est très-facile — je reviendrai tout à l'heure sur ce perfectionnement si désirable — de prévenir la combustion des vinaigres dans les magasins où on les conserve, et chez les épiciers ou dans les ménages.

XXI.

Une troisième maladie bien autrement désastreuse pour les vinaigreries, parce qu'elle est endémique dans chacune d'elles, est due à la présence des anguillules; l'examen de ces petits êtres au microscope est fort curieux, car leur corps est transparent et l'on y distingue à l'aise tous les organes intérieurs. Dans l'impossibilité de les faire voir isolément à chacune des personnes qui m'écoutent, à l'aide d'un microscope ordinaire, je vais projeter sur cet écran leur image agrandie.

Ces anguillules se multiplient avec une rapidité extraordinaire; aussi n'y a-t-il pas un tonneau d'une vinaigrerie quelconque d'Orléans qui n'en contienne en nombre effrayant. L'ignorance était telle à leur égard, qu'on les considérait comme nécessaires à la fabrication; elles en sont au contraire un ennemi dangereux et permanent, et l'on doit chercher à s'en débarrasser le plus possible. Ce soin est d'ailleurs réclamé par la répugnance qu'inspire l'usage d'un liquide souillé par la présence de tels animaux, surtout quand on en a examiné une goutte au microscope.

Quant au rôle nuisible de ces petits êtres dans la fabrication du vinaigre, il me suffira, pour vous en rendre compte, de vous prouver que les anguillules ne peuvent vivre en dehors de l'action de l'air atmosphérique.

J'ai fait deux parts égales d'un vinaigre rempli d'anguillules : l'une d'elles a été placée dans ce flacon que j'ai rempli complétement de liquide et que j'ai bien bouché ensuite ; l'autre a été mise dans un flacon semblable mais ouvert. Cette épreuve comparative a commencé depuis cinq jours et voici son résultat : dans le vase rempli et bouché toutes les anguillules sont mortes ; elles continuent au contraire de se bien porter dans l'autre où elles ne sont pas distribuées dans toutes les couches, mais seulement vers le niveau supérieur du liquide ; c'est là seulement qu'elles peuvent respirer à l'aise.

Rapprochez ces observations de la nécessité de l'oxygène libre pour la vie des anguillules et de l'obligation corrélative de leur séjour dans les couches supérieures des liquides où elles vivent, de cet autre fait non moins avéré, que le vinaigre se forme par l'action du voile mycodermique superficiel, et vous comprendrez tout de suite que le mycoderme et les anguillules doivent se contrarier sans cesse dans les tonneaux des fabriques, puisque ces deux productions vivantes ont chacune un impérieux besoin du même aliment et qu'elles habitent le même lieu. Aussi, lorsque, pour un motif ou pour un autre, le voile mycodermique n'est pas formé dans un vaisseau ou qu'il tarde à se produire, les anguillules envahissent toutes les couches supérieures du liquide, absorbent l'oxygène et n'en laissent pas à la plante dont les germes ont par conséquent une grande peine à se développer. Réciproquement, lorsque le travail de l'acétification est en bonne voie, que le mycoderme a pris le dessus, il chasse progressivement devant lui les anguillules et finit par les reléguer jusque contre les parois où elles ne tardent pas à former une épaisseur en couronne blanchâtre toute mouvante et grouillante : c'est un fort curieux spectacle quand on l'examine à la loupe. Dans cette situation, leur ennemi, le mycoderme, ne peut plus leur nuire au même degré ; elles ont de l'air, mais certes elles ne sont point à leur aise et elles attendent là, avec impatience, le moment où elles pourront reprendre leur place dans le liquide et gêner à leur tour le mycoderme.

Je ne vois pas de moyen efficace pour détruire les anguillules dans les tonneaux des vinaigreries d'Orléans. La fermeture des ouvertures des tonneaux pendant un temps suffisant, le gaz acide sulfureux appliqué surtout au moment d'un travail actif du mycoderme lorsque les anguillules sont en masses pressées hors du liquide sur les parois des douves, peuvent avoir quelque utilité ; mais ces remèdes n'ont rien de bien radical. Heureusement, en opérant, comme je l'ai dit, dans des cuves qui sont forcément nettoyées très-souvent, rien n'est plus facile que de se préserver de ces petits animaux. Ils n'auront jamais assez de temps pour se multiplier de façon à être nuisibles ; on ne les verra même pas apparaître dans un travail bien dirigé. Cela est si vrai, que, dans l'année où j'ai étudié cette question de la fermentation acétique, je n'ai pas vu apparaître d'anguillules dans mes cuves, grandes ou petites, et que, le jour où j'ai voulu rechercher quel pouvait être le véritable rôle de ces êtres dans la fabrication, j'ai dû prier un vinaigrier de votre ville de vouloir bien m'envoyer un vinaigre qui en renfermât. A partir de ce moment, j'en ai eu à souhait, tant leur multiplication est facile.

XXII.

Il résulte des observations que je viens de présenter relativement aux altérations des vinaigres et aux difficultés acciden-
telles du travail des fabriques que le mycoderme et les anguillules sont les sources naturelles de ces imperfections. C'est
quand le vin ou le vinaigre contiennent en suspension dans
leur masse de nombreux germes actifs de *mycoderma aceti* que
l'on voit se former des matières gélatiniformes gênantes pour
la fabrication; ce sont les articles de *mycoderma aceti* associés
au vinaigre marchand, principalement lorsqu'il est faible et
mal éclairci, qui, venant à se multiplier, soit dans son intérieur
ou à sa surface, le détruisent en provoquant la combustion de
son principal élément, l'acide acétique. Enfin les anguillules,
après avoir nui au travail de la vinaigrerie, deviennent un
objet de dégoût dans la consommation de cette denrée.

Or, si nous nous reportons un instant aux résultats des études
que j'ai publiées l'an dernier au sujet des maladies des vins,
nous reconnaîtrons que, sous le rapport des causes des maladies
qui l'affectent, le vin offre avec le vinaigre les plus grandes
analogies, car j'ai démontré que toutes les principales maladies
des vins sont également provoquées par le développement
d'êtres organisés vivants de nature végétale.

Voici du vin de Bourgogne qui est devenu très-amer. L'*a-
mertume* est la maladie habituelle des grands vins de cette
riche contrée; elle y est si fréquente, qu'un des propriétaires
de quelques-uns de ses crus les plus estimés, M. de Vergnette-
Lamotte, m'écrivait, en 1864, afin de m'encourager dans mes
recherches : « Si vous parvenez à prévenir l'amertume de nos
grands vins, vous aurez donné des millions à la France. » J'y
suis parvenu, en effet, et de la manière la plus simple : vous en

serez témoins tout à l'heure. Mais en premier lieu constatons le mal et sa cause. Je vais vider dans cette carafe une bouteille de ce vin amer : vous voyez un vin tout trouble qui a perdu une partie de sa couleur primitive ; un dépôt flottant qui était rassemblé au fond de la bouteille et qui est maintenant répandu dans toute la masse du vin lui donne cette opacité ; au goût il offre une acidité et une amertume des plus désagréables. Prenons une goutte de ce vin et projetons son image agrandie sur cet écran à l'aide de notre microscope électrique ; vous voyez que ce vin est rempli de petits filaments articulés : c'est la structure du cryptogame qui, corrélativement à son développement, produit l'amertume du vin.

Les autres maladies des vins nous offriraient dans leurs causes des résultats du même ordre. Le temps me manque pour en placer les preuves sous vos yeux dans cet entretien ; je renvoie les personnes que ce sujet intéresse à mes *Études sur le vin* (1).

XXIII.

Comment prévenir toutes ces maladies des vins et des vinaigres ?

De la manière la plus simple, car j'ai reconnu que toutes les végétations qui se plaisent dans le vin et dans le vinaigre, y compris les anguillules de ce dernier, périssent à une température de 55 degrés au plus. Portez du vin à cette température en tous les points de sa masse, et, par cette seule circonstance, il pourra se conserver sans altération ultérieurement, quand bien même il n'aurait été soumis à cette température que pen-

---

(1) *Études sur le vin ; ses maladies ; causes qui les provoquent ; procédés nouveaux pour le conserver et pour le vieillir ;* par M. L. Pasteur, membre de l'Institut. Paris, 1866.

dant quelques secondes, parce qu'à ce degré de chaleur, quand il s'agit du vin, toute vitalité est enlevée aux germes des cryptogames qui sont la source des maladies de cette boisson.

Ce que je dis du vin est également applicable au vinaigre. Les anguillules périssent et les articles du *mycoderma aceti* sont frappés de stérilité.

Je vous présentais tout à l'heure une bouteille de vin de Pomard devenu très-amer et presque imbuvable. Afin d'éprouver l'action de la chaleur sur ce vin, j'avais eu soin de chauffer à 55 degrés un certain nombre de bouteilles du même vin. Voici l'une d'elles : je la vide dans une carafe, et vous voyez que le vin a conservé sa couleur et sa limpidité. En outre, à la dégustation, il n'a pas la moindre amertume.

Vous avez ici un nouvel exemple de cette vérité que quand il s'agit de trouver un remède à un mal, une des premières conditions du succès est ordinairement de déterminer la vraie cause de ce mal (1).

XXIV.

Le chauffage préalable des bouteilles au bain-marie est des plus faciles.

Mais quel sera le moyen pratique de chauffer commodément et avec économie de grandes masses de vin? La solution de cette question intéressait au plus haut degré l'application du chauffage aux vins communs.

---

(1) Cela est d'autant plus vrai dans le sujet qui nous occupe, qu'Appert avait déjà exprimé autrefois la confiance que par son procédé de conserves on pourrait améliorer les vins, et, avant lui, Schéele avait appliqué ce même moyen au vinaigre (*). Mais le commerce n'avait donné aucune attention à ce procédé de chauffage préalable.

(*) Pasteur. *Études sur le vin*, p. 171 et suivantes et p. 243 *Voir* en outre mon Mémoire de 1864 sur la *Fermentation acétique*, reproduit dans le présent opuscule

J'ai la satisfaction d'annoncer que ce problème a été résolu par l'industrie dans le courant de cette année de plusieurs manières différentes : à Béziers par MM. Giret et Vinas qui ont déjà chauffé 10 à 15 000 hectolitres, et qui ont réuni des observations fort judicieuses sur le grand avantage du chauffage préalable, particulièrement en ce qui concerne les vins du Midi; à Narbonne par M. Raynal dont les appareils ont servi également à chauffer plusieurs milliers d'hectolitres. Je pourrais citer beaucoup d'autres négociants ou propriétaires de France, d'Espagne, d'Autriche et même des États-Unis.

Mais j'ai la bonne fortune d'avoir rencontré tout récemment et comme par hasard dans votre ville un négociant en vins très-éclairé, M. Louis Rossignol, qui a imaginé de son côté une disposition des plus simples et fort économique. Je serais bien surpris si elle n'était adoptée par une foule de propriétaires et de négociants.

L'appareil de M. Rossignol a coûté 140 francs; il chauffe 6 hectolitres à l'heure, moyennant 10 à 12 centimes de dépense par hectolitre. Il serait d'ailleurs facile de le construire sur une échelle beaucoup plus grande. Comme vous pourrez vous assurer quand vous le désirerez des avantages que présente cet appareil, car M. Rossignol n'en fait point mystère et ne l'a point fait breveter, je vais le décrire avec détail. Déjà j'ai engagé diverses personnes à adopter cette disposition dont elles ne sont pas moins satisfaites que M. Rossignol.

XXV.

L'appareil (*fig*. 3) se compose essentiellement d'un tonneau *ee*, dont on a enlevé un des fonds, lequel a été remplacé par une chaudière *k* en cuivre, étamée extérieurement avec de l'étain pur et qui se prolonge à travers le tonneau par un tube ouvert à sa partie supérieure *h*. Le vin est placé dans le tonneau dans l'intervalle compris entre les douves et la chaudière; celle-ci est

Fig. 3.

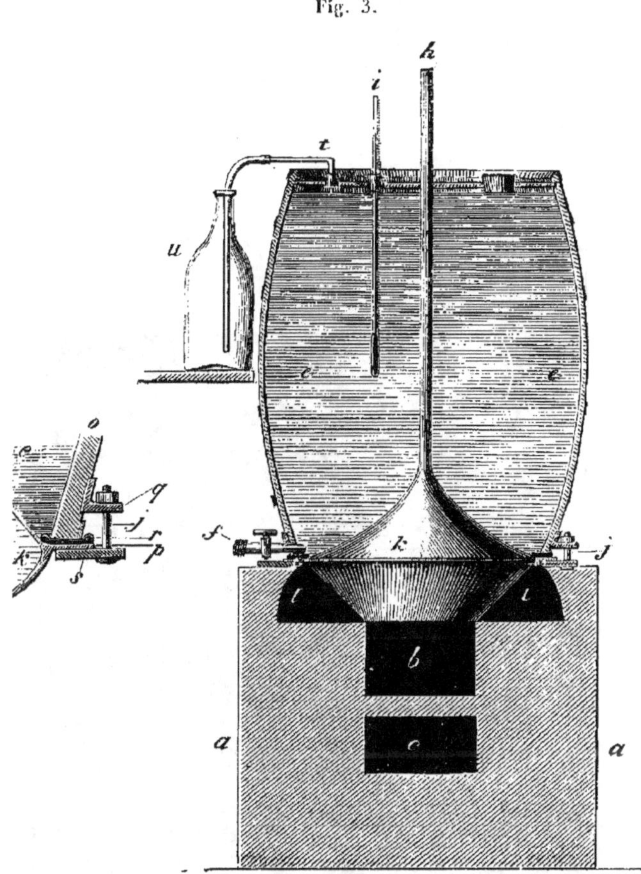

pleine d'eau et chauffée par un foyer en maçonnerie à feu tournant. L'eau n'est jamais portée à l'ébullition; elle n'a guère que le degré de température du vin, température qui est donnée par le thermomètre *i*. La chaudière n'a pas besoin d'être vidée ni remplie à nouveau; c'est toujours la même eau qui sert. Le mieux est que le tube *h* soit plein à moitié ou aux trois quarts de sa hauteur lorsque l'eau a atteint son maximum de température.

Un robinet placé à la partie inférieure du tonneau permet de soutirer le vin chaud et d'en remplir des fûts; à cet effet, on adapte au robinet un gros tube de caoutchouc comme le représente la *fig.* 4.

Fig. 4.

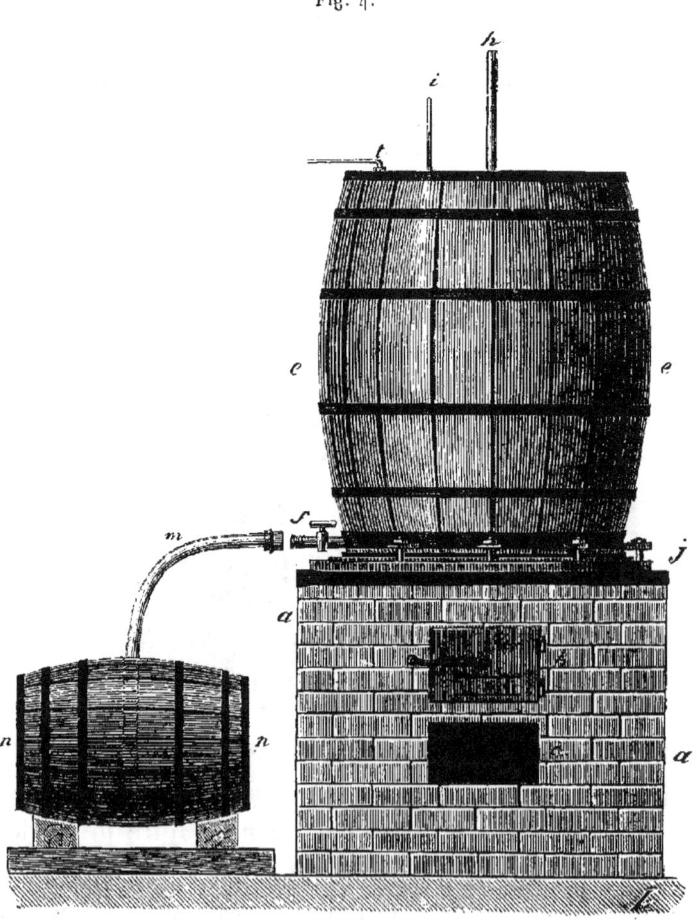

Dès que le tonneau est vide, on le remplit de nouveau afin

de profiter de la chaleur acquise par le foyer et par l'eau de la chaudière dans l'opération précédente.

Quand on doit suspendre pour un temps le chauffage, il est bon de remplir l'appareil de vin. Si l'intervalle entre deux opérations devait être fort long, d'une année par exemple, on pourrait de préférence remplir d'eau et chauffer celle-ci à l'origine, afin d'éviter qu'elle ne se corrompe ultérieurement.

La disposition adoptée par M. Rossignol pour relier le bas du tonneau à la chaudière, de façon à bien étancher l'appareil. est sûre et assez commode à pratiquer. Un cercle plat de cuivre étamé p ($fig.$ 3, p. 31) est soudé à la chaudière et fait saillie; il est compris entre deux autres cercles, l'un en fer assez fort s, l'autre en caoutchouc r, de 1 à 2 centimètres d'épaisseur environ. Le tonneau repose par la tranche de ses douves sur l'anneau de caoutchouc. Enfin un cercle de fer un peu encastré dans le bois des douves porte des équerres en fer, qui lui sont rivées de distance en distance, telles que q. Ces équerres sont traversées par des tiges de fer j, scellées au gros cercle s, et munies de boulons. En serrant ceux-ci on écrase par pression le caoutchouc entre le bois des douves et le cercle p soudé à la chaudière, ce qui donne une fermeture très-hermétique (1).

On pourrait par diverses dispositions augmenter la surface des parois de la partie de la chaudière qui est en contact avec

---

(1) Au lieu d'encastrer dans le bois le cercle qui porte les équerres à boulons, il serait bien préférable de relier ce cercle à celui qui est au-dessus de la partie médiane et renflée du tonneau par quelques bandes de fer.

On pourrait également donner au tonneau la forme un peu conique d'une cuve. Cela aurait l'avantage de pouvoir agrandir la surface de chauffe des parois supérieures de la chaudière. Dans ce cas la pression exercée sur le cercle qui porte les équerres quand on serre les boulons n'aurait d'autre effet que de réunir plus fortement les douves, tout en opérant la fermeture hermétique par l'écrasement du cercle de caoutchouc.

le vin et qui l'échauffe; je ne m'y arrête pas. Le feu tournant autour de la chaudière donne une grande économie de combustible.

Il serait désirable de faire reposer le cercle *s* qui porte tout l'appareil sur une rangée de briques et de rendre la portion de chaudière qui est dans le foyer plus profonde; le caoutchouc s'échaufferait moins. D'ailleurs l'expérience montre qu'il peut résister très-longtemps.

Le vin se dilatant par l'élévation de température, M. Rossignol ne remplit pas entièrement le tonneau avant le chauffage; il en résulte que le vin est mis en contact avec un certain volume d'air. Or j'ai expliqué dans mes *Études sur le vin* qu'il y a là un inconvénient à éviter dans tous les cas où l'on tient à ne pas altérer le vin dans sa couleur ou dans son goût par une oxydation brusque qui lui donne un vieillissement artificiel. On peut rechercher comme on peut craindre ce genre de vieillissement. Il est généralement préférable de l'éviter, d'autant plus qu'il s'accompagne ordinairement d'un goût de cuit, ce qui n'arrive jamais quand le vin est chauffé à l'abri de l'air pendant un temps très-court. Le chauffage dans ces dernières conditions rend le vin inaltérable sans modifier sa couleur, si ce n'est qu'elle a plus de brillant, et sans modifier son goût qui n'est qu'un peu plus *fondu*, parce que la chaleur chasse un volume plus ou moins considérable de gaz acide carbonique tenu en dissolution dans le vin.

Le remplissage complet du tonneau pourrait avoir lieu si l'on fixait au fond supérieur un tube de verre ou de fer-blanc, afin de conduire le vin dû à la dilatation dans un vase voisin, comme je l'ai figuré.

Il y a une deuxième circonstance dans laquelle le vin pourrait éprouver l'influence d'une oxydation brusque; c'est après le transvasement dans les fûts. Je n'entends point parler de l'action de l'air sur le vin pendant qu'il s'écoule en sortant du gros tube de caoutchouc (*fig.* 4). La rapidité avec laquelle les fûts se remplissent rend peu nuisible le contact de l'air et du vin dans cette opération; mais après que le fût a été rempli de vin chaud et bien *bondé,* il s'établit une vidange naturelle dans le tonneau par suite du refroidissement graduel du vin et un volume égal d'air s'insinue par les douves et leurs jointures. L'oxygène de cet air se dissout dans le vin et l'oxyde. M. Rossignol remplit les fûts refroidis avec du vin qui a été chauffé.

Si l'on juge utile d'éviter également l'action de cette nouvelle portion d'air, il sera facile de relier le fût, aussitôt après l'introduction du vin chaud, avec un vase contenant du vin chaud ou du vin froid qui aura été chauffé antérieurement. La communication s'établira commodément à l'aide d'un tube de caoutchouc que l'on adaptera à un petit tube métallique dans un trou de *fausset* fixé près de la bonde. Après le refroidissement du fût qui se trouvera naturellement rempli de vin, on bouchera le trou de *fausset* avec une petite cheville de bois à la manière ordinaire.

Des fûts remplis de cette manière pourront voyager, traverser les mers, parcourir le monde sans que le vin y éprouve la moindre maladie. On peut juger dès lors de l'influence que cette pratique si simple et si peu dispendieuse aura inévitablement sur le commerce des vins de toutes les contrées vinicoles.

D'autres avantages non moins importants peut-être s'ajoutent à celui dont je parle. Le vin pourra rester aussi longtemps qu'on le voudra dans des fûts sans être soutiré. En outre, on pourra le conserver dans des celliers aussi bien et même avec plus d'avantages souvent que dans des caves.

Je suis persuadé que l'usage des caves, c'est-à-dire le séjour

3.

des vins à basse température, s'est répandu principalement par
la nécessité d'éviter les maladies des vins. Que le vin se trouve
placé dans des conditions de conservation indéfinie, et on
pourra se passer des caves. J'en dirais autant des soutirages et
des collages fréquents qui sont encore, à mon avis, des néces-
sités corrélatives de la facilité d'altération des vins.

J'ai le ferme espoir que par l'application du chauffage
préalable on pourra modifier profondément toutes les anciennes
pratiques de la vinification.

XXVI.

Dans ce que je viens de dire, j'ai supposé que le vin mis en
fûts, encore chaud et refroidi dans ces fûts, n'en sortait pour
la première fois que pour être mis en bouteille ou consommé,
et que l'on ne s'inquiétait ni des soutirages, ni des collages, ni
des dépôts formés par l'oxydation lente. Il s'agit donc ici d'un
mode tout nouveau de traitement des vins inconnu de la propriété et du commerce, et qui fournira des natures de vins dont
on n'a pas idée aujourd'hui.

Mais il est naturel que vous me demandiez si le vin qui
a subi l'opération du chauffage peut être manipulé à la manière ordinaire, soutiré, collé, etc. Voici ma réponse à cette
question. Il résulte des expériences consignées dans mes *Études
sur le vin* que le vin peut reprendre dans ces manipulations au
contact de l'air des germes d'altération, notamment ceux du
mycoderma aceti et du *mycoderma vini*, mais ces effets sont
relativement bien plus rares que lorsque le vin n'a pas subi
l'opération du chauffage; cela tient à ce que les germes d'altération propres au vin existent surtout dans le vin lui-même.
L'air en renferme peu relativement, de telle sorte que c'est déjà

beaucoup faire que de garantir le vin contre le développement des germes des cryptogames naturellement contenus dans le vin.

Quoi qu'il en soit, il sera toujours préférable de faire les manipulations dont je parle et les *coupages,* si l'on en effectue avant l'opération du chauffage.

C'est par les mêmes motifs que je suis porté à conseiller de ne pas donner aux appareils de chauffage le caractère de continuité, avec refroidissement du vin dans l'appareil même. La dépense du chauffage est si minime, que cet avantage a peu d'intérêt. Il y a au contraire une utilité très-grande à introduire le vin chaud dans les fûts où il devra être conservé ou voyager; car sa chaleur primitive sera facilement plus que suffisante pour détruire la vitalité de tous les germes des fûts.

Dans un essai fait avec l'appareil que j'ai décrit tout à l'heure, le vin avait 60 degrés centigrades dans le tonneau de l'appareil de chauffage et encore 58 à 59 degrés après que je l'eus transvasé dans un tonneau froid; il n'avait donc perdu que 1 à 2 degrés centigrades par le fait de ce transvasement (1).

XXVII.

M. Rossignol a déjà chauffé dans son appareil plus de cinq cents pièces de vin rouge ou blanc, particulièrement des vins de l'Orléanais, de la Charente et de la Gironde (Saint-Émilion). La conservation est parfaite, l'éclaircissement des vins très-facile. Plus de vins *tournés, gras* ou *aigris.* Les vins les plus

---

(1) Toutefois j'aurais tort d'insister sur des dispositions que l'usage n'a pas encore suffisamment consacrées. C'est à l'industrie qu'il appartient de décider la question du chauffage avec ou sans discontinuité dans les appareils.

communs, les plus prompts à se troubler et à tourner, m'a dit
M. Rossignol, restent clairs jusqu'au dernier litre, alors même
que les débitants mettent quinze jours ou six semaines à vider
un tonneau.

XXVIII.

L'application du chauffage aux vins des vinaigreries n'offre
pas moins d'avantages.

Un vin quelconque, limpide ou tout trouble qui a été chauffé,
devient beaucoup plus propre au travail de la vinaigrerie que
le vin naturel. Enfin, si l'on chauffe le vinaigre après sa fabrication, il devient inaltérable parce qu'il est privé de germes
actifs de *mycoderma aceti* et d'anguillules; son collage est facilité au plus haut degré; sa limpidité et sa couleur sont celles
des vieux vinaigres.

Si l'on craignait une usure trop prompte dans l'appareil de
M. Rossignol, on pourrait faire argenter extérieurement les
parois de la chaudière (1).

XXIX.

Tous les résultats que je viens d'avoir l'honneur de vous
exposer sont fort encourageants.

Rien n'est plus agréable aux hommes voués à la carrière des
sciences que d'accroître le nombre des découvertes, mais quand
l'utilité pratique de leurs observations est immédiate, leur joie
est au comble. Aussi, permettez-moi de remercier publique-

---

(1) Lorsque le vin et le vinaigre ont été chauffés, ils doivent se refroidir dans
leurs fûts avant d'être livrés au commerce. Ne pourrait-on pas profiter de leur
chaleur pour chauffer la vinaigrerie?

ment, en terminant cet entretien, vos compatriotes, MM. Breton-Lorion et Rossignol, de m'avoir procuré la satisfaction d'assister à Orléans même aux applications des résultats de mes recherches sur le vin et sur le vinaigre.

Je ne désire plus qu'une chose, c'est qu'ils aient à Orléans et dans toute la France de nombreux imitateurs.

MÉMOIRE

SUR

LA FERMENTATION ACÉTIQUE [1].

PREMIÈRE PARTIE.

§ 1. — *L'acide acétique provient de l'oxydation de l'alcool par l'oxygène de l'air.*

Le vin, la bière, le cidre, en général tous les liquides alcooliques fermentés s'aigrissent au contact de l'air, surtout pendant l'été; c'est un fait bien connu et depuis les temps les plus reculés.

Quelle est la nature du phénomène considéré sous un point de vue purement chimique? La science a été longtemps à s'en rendre compte avec précision. Que ce soit l'alcool qui devienne acide acétique, on ne l'ignorait pas. Que l'air puisse favoriser cette transformation, on ne l'ignorait pas davantage; mais on était loin de savoir comment l'air intervient. Dans le *Diction-naire de Chimie* de Macquer, dont la seconde édition a paru en 1778, ouvrage remarquable, mais malheureusement encore

---

(1) Extrait des *Annales scientifiques de l'École Normale supérieure*, t. Ier; 1864.

enveloppé dans les obscurités du phlogistique, on trouve cette phrase : « Beccher, dans sa *Physique souterraine*, a fait digérer du vin, pour le convertir en vinaigre, dans une bouteille scellée hermétiquement. A la vérité, ce vin a été plus longtemps qu'à l'ordinaire, *c'est-à-dire qu'avec le concours de l'air*, à se convertir en vinaigre, mais ce vinaigre était aussi beaucoup plus fort. » Ainsi, en 1778, l'un des plus habiles chimistes admet encore que le vin peut se convertir en vinaigre très-fort sans le concours de l'air.

L'abbé Rozier fit une expérience qui démontrait l'absorption de l'air pendant la fermentation acéteuse. Elle consistait à faire un trou à la douve d'un tonneau dont le vin s'aigrissait et à y sceller une vessie munie d'un tube et d'un bouchon, et préalablement gonflée d'air. La vessie, dit-il, devient flasque ; et il ajoute que, chaque fois que cette vessie a été vidée d'air, le vin paraît plus aigre qu'auparavant (1). Cependant la lecture de l'article où cette expérience est relatée montre que les idées de l'abbé Rozier étaient encore mal assurées.

Lavoisier est plus net. Il ne s'agit plus seulement de l'air, mais nommément de l'oxygène. « La fermentation acéteuse n'est autre chose que l'acidification du vin qui se fait à l'air libre par l'absorption de l'oxygène (2). » Cependant, comme il ignore la composition de l'alcool et celle du vinaigre, qu'il ne fait que les pressentir, on le voit, un peu plus loin, interpréter une expérience de Chaptal, en faisant concourir à l'accomplissement du phénomène, outre l'alcool et l'oxygène, une certaine proportion d'acide carbonique.

Pour Lavoisier lui-même et pour les chimistes qui adop-

---

(1) Rozier, *Dictionnaire d'Agriculture*, t. IV, p. 525; 1786.
(2) Lavoisier, *Traité élémentaire de Chimie*, 3ᵉ édition, t. Iᵉʳ, p. 159; 1793.

taient ses idées, tous les doutes n'étaient donc pas encore levés
au sujet de cette réaction chimique. Dans un passage de l'Appendice à la *Statique chimique,* Berthollet s'exprime ainsi :
« L'oxygène qui s'absorbe pendant la fermentation acétique,
selon l'observation de Rozier, peut servir à décomposer la combinaison vineuse, en se combinant avec l'hydrogène, ou bien il
entre immédiatement dans la composition de l'acide acétique ;
mais, à en juger par l'altération du vin qu'on laisse en contact
avec l'air, il produit beaucoup plus le premier effet que le second (1). » Ainsi le sujet fut un peu compliqué par Berthollet.
Mais il le fut bien davantage à la même époque par Th. de
Saussure, dans un Chapitre de ses *Recherches chimiques sur la
Végétation,* intitulé : *Emploi du gaz oxygène dans l'acétification.* De Saussure prétendit avoir observé que, pendant la fermentation acétique, il se dégage un volume d'acide carbonique
égal à celui de l'oxygène absorbé, et que l'acidité du vin pro-
venait, non de la fixation de l'oxygène, mais de la soustraction
du carbone et de son élimination partielle sous forme d'acide
carbonique (2).

Une circonstance qu'il ne faut pas omettre et qui a contribué
à obscurcir ce sujet à cette époque et dans les années suivantes,
c'est la production de l'acide acétique dans des phénomènes de
fermentation, mais sans emploi d'alcool et sans communication
avec l'air. On lit par exemple, à la suite du passage de la *Statique chimique* de Berthollet que je viens de citer : « Cependant
la production de l'acide acétique n'est pas toujours due à ces
causes. Il s'en forme pendant la fermentation vineuse du sucre
et de la levûre (Lavoisier), même sans communication avec

---

(1) BERTHOLLET, *Statique chimique* (Appendice), t. II, p. 525; 1803.
(2) TH. DE SAUSSURE, *Recherches chimiques sur la Végétation,* p. 143; 1804.

l'air. Il est vrai qu'alors il peut être dû à la portion d'amidon que contient toujours la levûre : c'est un objet qui reste à éclaircir. »

Puis, après avoir rappelé que Parmentier, Deyeux et Vauquelin ont reconnu que l'eau sure des amidonniers renferme une assez grande quantité d'acide acétique, il émet l'opinion que cet acide acétique ne doit pas être un produit d'oxydation de l'alcool, et il essaye de vérifier cette opinion par l'étude de la fermentation d'un mélange de gluten et d'amidon. Il s'est formé promptement, dit-il, de l'acide acétique sans indice de liqueur spiritueuse. Enfin, il termine en faisant remarquer que « les observations précédentes paraissent prouver que l'acétification est principalement due à l'action du gluten ou d'une substance qui en approche, sur l'amidon ou sur une substance analogue, quoiqu'il puisse s'en former aussi un peu par la fermentation vineuse ou par l'action de l'oxygène sur le vin. »

La production de l'acide lactique, acide inconnu à cette époque et volontiers confondu avec l'acide acétique, ajoutait encore, ainsi que l'a remarqué M. Dumas, aux difficultés de se bien rendre compte dans tous les cas de la véritable origine de l'acide acétique (1).

Il faut arriver jusqu'en 1821 et 1827 pour que tous les doutes soient levés touchant la réaction qui nous occupe. En 1821, Edmond Davy découvrit le noir de platine et ses propriétés remarquables (2). En chauffant du sulfate de platine avec de l'alcool, il obtint un précipité noir, qui, desséché, jouissait de la singulière faculté de devenir incandescent lorsqu'on l'humectait avec de l'esprit-de-vin, et de continuer à rougir tant qu'il

---

(1) Dumas, *Chimie appliquée aux arts*, t. VI, p. 339.

(2) Edmond Davy, *Journal de Schweigger*, t. Ier, p. 340; 1821.

restait de l'alcool. Pendant cette combustion, l'alcool était transformé en acide acétique.

« C'est ce fait, dit Liebig (1), à qui l'on doit une Note précieuse sur la préparation du noir de platine et son mode d'action, qui fournit à Dœbereiner la clef du développement théorique de la transformation de l'alcool en acide acétique. Ce dernier chimiste démontra, en effet, que l'alcool, en absorbant de l'oxygène, donne de l'eau et de l'acide acétique sans dégager de l'acide carbonique (2). En mesurant le volume d'oxygène absorbé par une quantité déterminée d'alcool, il parvint à prouver que les éléments de 1 atome d'alcool se combinent avec 4 atomes d'oxygène, de sorte que, la composition de l'acide acétique étant d'ailleurs connue, il était facile d'en conclure qu'il devait se former 1 atome d'acide acétique et 2 atomes d'eau :

$$C^4H^6O^2 + 4O = C^4H^4O^4 + 2(HO). \text{ »}$$

§ II. — *Nécessité d'un ferment pour l'oxydation de l'alcool dans la fermentation acétique. Idées sur la nature de ce ferment.*

Il ne sera pas moins intéressant de suivre historiquement le progrès des idées en ce qui concerne la cause probable à laquelle on doit attribuer le phénomène de l'acétification.

Il y a bien longtemps que l'on sait que l'alcool pur ne peut s'acétifier au contact de l'air, que l'eau-de-vie, par exemple, ne se transforme pas en vinaigre, quel que soit son titre alcoolique.

« L'acétification, dit Berzélius, ne s'établit que par le concours d'un ferment. C'est par cette raison que les vins de bonne

---

(1) LIEBIG, *Annales de Chimie et de Physique*, 2ᵉ série, t. XLII, p. 316; 1829.
(2) DOEBEREINER, *Journal de Schweigger*, t. VIII, p. 321; 1823.

qualité ne deviennent pas acides, parce qu'ils ont laissé déposer tout le ferment, tandis que les vins mauvais s'acétifient, même dans des flacons bouchés (1). Et plus loin : « Dès que la formation de l'acide acétique a commencé, cet acide contribue singulièrement à accélérer la fermentation. C'est pour cela que les brasseurs et les fabricants d'eau-de-vie doivent nettoyer avec le plus grand soin les vases dans lesquels on a fait fermenter des liquides, pour enlever tout l'acide acétique avant de s'en servir de nouveau. Sans cette précaution, la masse s'acidifierait pendant la fermentation vineuse, à mesure qu'il se formerait de l'alcool. L'acide acétique est donc lui-même un ferment propre à déterminer la fermentation acide ; et la levûre, le levain qui est devenu acide, le pain aigri, en un mot les corps qui déterminent la fermentation vineuse, possèdent la même propriété dès que la fermentation acide y a commencé. On cite aussi comme un corps propre à déterminer la fermentation acétique la substance mucilagineuse connue sous le nom de *mère de vinaigre; mais, à l'état de pureté, elle est dépourvue de cette propriété, qu'elle doit uniquement à l'acide acétique qui se trouve renfermé dans ses pores* (2). »

---

(1) Chaptal avait dit, en effet : « Un vin parfaitement dépouillé de tout principe extractif, ou par le dépôt qui se fait naturellement avec le temps, ou par la clarification, n'est plus susceptible de tourner à l'aigre. J'ai exposé des vins vieux, dans des bouteilles débouchées, à l'ardeur du soleil des mois d'août et juillet, pendant plus de quarante jours, sans que le vin ait perdu de sa qualité; seulement le principe colorant s'est constamment précipité sous la forme d'une membrane qui tapissait le fond de la bouteille. Ce même vin, dans lequel j'ai fait infuser des feuilles de vigne, a aigri en quelques jours. On sait que les vins vieux bien dépouillés ne tournent plus à l'aigre. » CHAPTAL, *Traité sur les vins* (*Annales de Chimie*, 1re série, t. XXXVI, p. 245). — Nous verrons ce qu'il faut ajouter et retrancher à ces assertions. En ce moment je ne juge pas, je me borne à exposer historiquement la suite et le progrès des idées au sujet de la cause de la fermentation acétique.

(2) BERZÉLIUS, *Traité de Chimie*, t. VI, p. 552; 1829 à 1833.

Remarquons bien cette dernière phrase. Elle implique : 1° que, par l'emploi de cette matière visqueuse, l'acétification est possible; 2° qu'elle ne doit alors sa vertu qu'à l'acide acétique renfermé dans ses pores.

Ces deux assertions sont-elles fondées? Est-il vrai qu'on puisse acétifier un liquide alcoolique à l'aide de la matière visqueuse? Sans aucun doute, le fait était connu depuis très-longtemps. Voici un passage de la *Chimie* de Fourcroy : « On voit ici que le vinaigre déjà formé sert de ferment au vin que l'on ajoute. Quand on est obligé de recommencer cette opération par une circonstance quelconque et que l'on veut refaire un baril de vinaigre pour la première fois, on jette dans le vin qu'on y met une peau ou espèce de membrane qu'on retire des barils contenant du vinaigre depuis longtemps, et qu'on nomme *mère du vinaigre*. C'est un dépôt muqueux, concret, dû à la décomposition lente du vinaigre, et qui sert de ferment pour faire naître la fermentation acide dans le vin. »

Est-il vrai, d'autre part, qu'on puisse acétifier un liquide alcoolique en y ajoutant seulement du vinaigre? Nous verrons plus loin que c'est la pratique constante d'Orléans pour la mise en train des tonneaux, et que, dans cette ville même, on éloigne avec soin toute espèce de dépôt muqueux ou autre pour ne se servir que de vinaigre limpide. Enfin, est-il vrai qu'en lavant la mère de vinaigre et la privant de son acide interposé, elle ne pourrait plus servir à l'acétification? Nous verrons également, par les détails du Mémoire actuel, que cette assertion est fondée sur l'expérience.

Arrêtons encore notre attention sur cette matière mucilagineuse. Voici comment Berzélius parle de sa formation :

« Le vinaigre, conservé dans des vases où il est en contact avec de l'air qui peut se renouveler, perd sa transparence; peu à peu il s'y rassemble une masse gélatineuse, cohérente, qui paraît glissante et gonflée quand on la touche, et d'où l'on ne peut point retirer par la pression le liquide qu'elle contient. Cette masse a reçu le nom de *mère de vinaigre*, parce qu'on a cru, à tort, qu'elle était susceptible de déterminer la fermentation acide. La plus grande partie se trouve dans les tonneaux dans lesquels le vinaigre est produit par fermentation, et dans les vases que les marchands placent sous le robinet des tonneaux à vinaigre. Le vinaigre répandu tombe dans ces vases, qui sont quelquefois entièrement remplis de mère de vinaigre. A l'état humide, la mère de vinaigre est entièrement transparente et mucilagineuse. Elle contient beaucoup de vinaigre qu'il est très-difficile d'en exprimer. Elle se dessèche peu à peu en une peau transparente, jaunâtre, qui ressemble tout à fait à une membrane animale. Cependant elle ne donne point d'ammoniaque à la distillation sèche. Dans l'eau et surtout dans le vinaigre, elle se gonfle au point de revenir presque à son volume primitif. Débarrassée du vinaigre adhérent, elle est insipide. Elle est produite aux dépens des éléments du vinaigre, et celui-ci s'affaiblit d'autant plus qu'il se forme une quantité de mère de vinaigre plus grande. Celle-ci est en quelque sorte le produit de la putréfaction du vinaigre (1). Elle ne prend pas naissance dans le vinaigre très-concentré, mais dans le vinaigre étendu, et elle se forme d'autant plus facilement que celui-ci est plus faible. »

---

(1) Scheele avait déjà dit : « C'est une chose généralement connue que le vinaigre ne peut se conserver longtemps, qu'il s'altère au bout de quelques semaines, particulièrement dans les chaleurs de l'été, qu'il devient trouble et se couvre à la surface d'une viscosité épaisse, d'où il arrive que son acidité s'affaiblit de plus en plus et disparaît à la fin entièrement, au point qu'on est obligé de le jeter là. » SCHEELE, *Mémoires de Chimie;* Dijon, 1785; et *Mémoires de l'Académie royale de Stockholm,* 1782.

On voit que Berzélius refusait complétement le caractère de ferment à cette matière mucilagineuse, et que, d'après lui, il y avait des ferments acétiques divers : les matières extractives du vin, la levûre, le pain aigri, mais surtout l'acide acétique.

Il est assez remarquable que les pratiques des vinaigriers paraissaient confirmer, comme nous allons le voir, l'opinion de Berzélius.

Bien avant que la science pût éclairer la théorie de la fermentation de la bière, on savait pertinemment que, dans la fabrication de cette boisson, le liquide se trouble et laisse peu à peu déposer une matière jouissant au plus haut degré du caractère ferment, et que l'on utilisait depuis longtemps pour cette propriété dans la fabrication même. Se passe-t-il quelque chose d'analogue dans les fabriques de vinaigre? On pourrait le penser d'après le passage de la *Chimie* de Fourcroy, que j'ai rappelé tout à l'heure, mais les pratiques des fabriques elles-mêmes conduisent à une tout autre manière de voir.

« Le vinaigre, dit Macquer (*Dictionnaire de Chimie*, t. IV, p. 239), ne dépose point de tartre comme le vin, quand même il aurait été fait avec du vin qui n'aurait pas encore laissé déposer le sien ; mais son sédiment est une matière visqueuse très-disposée à la putréfaction. Le sarment et les rafles dont on se sert, comme nous l'avons dit, dans la fabrique du vinaigre pour le faire fermenter plus promptement (1) et pour en augmenter la force, se trouvent, après avoir servi à cette opéra-

---

(1) Macquer fait ici allusion à un ancien procédé allemand pour faire du vinaigre, décrit déjà dans les *Éléments de Chimie*, de Boerhaave. « Cette méthode consiste à mettre le vin, déjà plus ou moins altéré et aigri spontanément, dans deux cuves placées verticalement sur un de leurs fonds, et ouvertes supérieurement. A 1 pied au-dessus du fond de ces cuves est établie une espèce de claie sur laquelle on met un lit de branches de vignes vertes, et par-dessus des rafles de raisin jusqu'au haut de la cuve; on distribue le vin dans ces deux cuves, de ma-

tion, enduits de ce dépôt visqueux : on les lave pour le leur enlever ; mais quand ils en sont débarrassés, on les conserve soigneusement pour les faire servir à la fermentation de nouveau vinaigre, parce que celui dont ils sont déjà tout pénétrés devient une espèce de levain qui détermine la fermentation acéteuse avec efficacité. Il en est de même des tonneaux dans lesquels s'est faite cette fermentation : il faut les nettoyer de la matière visqueuse dont ils sont pareillement enduits ; mais, après cela, ils valent beaucoup mieux que les tonneaux neufs pour y faire de nouveau vinaigre. »

L'opinion de Berzélius paraît donc avoir gain de cause. Le dépôt de matière visqueuse était enlevé par le lavage, soit dans les tonneaux, soit sur les rafles. Et, on le voit, Macquer partageait aussi cette autre opinion de Berzélius, que c'était le vinaigre, dont ces tonneaux et ces rafles étaient imprégnés, qui servait de levain, de ferment à des opérations subséquentes.

Consultons les pratiques plus récentes des vinaigriers, no-

---

nière que l'une en est totalement remplie et que l'autre ne l'est qu'à moitié. Vers le second ou troisième jour, la fermentation commence dans la cuve demi-pleine : on la laisse aller pendant vingt-quatre heures, jusqu'à ce que la fermentation soit achevée, ce que l'on reconnait à la cessation de mouvement dans la cuve demi-pleine ; car c'est dans cette dernière que se fait principalement la fermentation. Comme le défaut d'air la fait cesser presque totalement dans la cuve pleine, on interrompt par cette manœuvre la fermentation qui ne se fait, à proprement parler, que de deux jours l'un, et on l'empêche de s'emporter trop loin, quoiqu'on la mène d'ailleurs avec l'activité qui lui est favorable. La fermentation du vinaigre conduite de cette manière dure environ quinze jours en France pendant l'été ; mais lorsque la chaleur est très-grande, comme au 25ᵉ degré du thermomètre de M. de Réaumur, et au delà, on fait de douze en douze heures le changement d'une cuve à l'autre dont nous avons parlé. » MACQUER, *Dictionnaire de Chimie*, t. IV, p. 238.

Cette méthode n'est plus pratiquée en France. Elle a, comme on le voit, assez de rapport avec le procédé allemand, si répandu de nos jours, le procédé des copeaux, qui est le seul utilisé aujourd'hui, conjointement avec le procédé d'Orléans, lequel est très-ancien et était déjà suivi au dernier siècle, à Orléans, et même à Paris. *Voir* MACQUER, même page.

tamment celles qui ont le plus de réputation, celles d'Orléans, par exemple.   .

« Presque tout le vinaigre du nord de la France, dit Chaptal, se prépare à Orléans, et la fabrication y a acquis une telle célébrité, qu'on doit regarder les procédés qu'on y exécute comme les meilleurs. Voici à quoi ils se réduisent d'après MM. Prozet (1) et Parmentier.

« Dans les fabriques d'Orléans, on emploie des tonneaux qui contiennent à peu près 400 litres; on préfère ceux qui ont déjà servi, on les appelle *mères de vinaigre.*

» Ces tonneaux sont placés sur trois rangs, les uns sur les autres; ils sont percés à leur partie supérieure (sur la paroi verticale du fond qui est en avant) d'une ouverture de o^m,o55 de diamètre, laquelle reste toujours ouverte.

» D'un autre côté, le vinaigrier tient le vin qu'il destine à l'acétification dans des tonneaux dans lesquels il a mis une couche de copeaux de hêtre, sur lesquels la lie fine se dépose et reste adhérente. C'est de ces tonneaux qu'il soutire le vin très-clarifié pour le convertir en vinaigre.

» On commence par verser dans chaque mère (tonneau) 100 litres de bon vinaigre *bouillant,* et on l'y laisse séjourner pendant huit jours. On mêle ensuite 10 litres de vin dans chaque mère et on continue à en ajouter tous les huit jours une égale quantité, jusqu'à ce que les vaisseaux soient pleins. On laisse alors séjourner le vinaigre pendant quinze jours avant de le mettre en vente.

» On ne vide jamais les mères qu'à moitié, et on les remplit successivement, ainsi que nous l'avons déjà dit, pour convertir du nouveau vin en vinaigre.

---

(1) Ancien Pharmacien et Professeur à Orléans.

4.

» Pour juger si la mère travaille, les vinaigriers sont dans l'usage de plonger une douve dans le vinaigre et de la retirer aussitôt. Ils voient que la fermentation marche et est en grande activité lorsque le sommet mouillé de la douve présente de l'écume ou la fleur du vinaigre, et ils ajoutent plus ou moins de vin nouveau et à des intervalles plus ou moins rapprochés, selon que l'écume est plus ou moins considérable (1). »

Ce passage du *Traité de Chimie* de Chaptal est très-instructif par les réflexions qu'il suggère. Pas un mot de la matière visqueuse, et si tant est qu'elle existe dans les tonneaux, on ne s'en sert jamais comme d'un ferment acétique. Et Berzélius aurait dit sans doute : Le ferment, c'est le vinaigre; car, pour monter un tonneau, on n'y verse à l'origine que du vinaigre, et même du vinaigre bouillant.

Aujourd'hui encore la pratique est la même; seulement, au lieu de vinaigre bouillant, on se sert de vinaigre ordinaire, mais avec la précaution de prendre le plus fort et le plus limpide possible, de telle sorte que l'on éloigne avec un grand soin tout dépôt, toute matière solide ou visqueuse; et quand j'aurai donné la théorie exacte et complète de la fermentation acétique, on verra qu'il est utile en effet de n'employer au début que du vinaigre fort et limpide, et que la pratique plus ancienne du vinaigre bouillant était encore plus sûre.

Voilà donc un nouvel appui à l'opinion de Berzélius sur le rôle de la matière visqueuse. Bien plus, si nous remarquons que, dans les vinaigreries, on appelle du nom de *mères de vinaigre* les tonneaux eux-mêmes qui le produisent, on est conduit à penser qu'il y a eu ici une confusion de langage lorsque l'on

---

(1) CHAPTAL, *Chimie appliquée aux arts*, t. III, p. 157; 1807. — *Voir* également ROZIER, *Dictionnaire d'Agriculture*, t. X, p. 377.

a appliqué le mot *mère de vinaigre* à la matière visqueuse dont parlent tous les auteurs. Je me suis assuré, en effet, que les fabricants d'Orléans appliquent indistinctement le mot *mère de vinaigre* aux *tonneaux* et au *dépôt des tonneaux*. Mais une chose qui m'a beaucoup surpris à l'origine de ces recherches. alors que je ne connaissais pas encore la véritable théorie de tous les faits et de tous leurs accidents, telle que je l'expose dans ce Mémoire, c'est que, dans ces vinaigreries d'Orléans, on ignore pour ainsi dire l'existence de cette matière mucilagineuse dont tous les auteurs parlent. Il n'y en a jamais dans les tonneaux d'Orléans, et je me rappelle que c'est après avoir beaucoup insisté auprès d'un intelligent fabricant de cette ville que j'ai pu le mettre sur la voie de l'existence de cette matière. Encore n'y suis-je parvenu qu'après avoir interrogé le plus ancien ouvrier de la vinaigrerie, qui raconta qu'on voyait en effet quelque chose de semblable dans des baquets où on avait abandonné du vinaigre, et aussi quand parfois une mère (tonneau) travaillait tellement mal, que le vinaigre se pourrissait (1). En effet, je fus bientôt convaincu que le dépôt qui existe dans tous les tonneaux mères n'est pas du tout visqueux, que c'est une lie boueuse, delayée, et que l'on jette lorsqu'après un long temps, quelquefois dix à douze ans, cette lie s'est accumulée en trop grande quantité, et que le siphon ne peut plus soutirer du tonneau que du vinaigre trouble.

Cependant il faut dire que tous les vinaigriers croient que c'est dans ce dépôt que réside la cause du phénomène. Mais ils ne savent que s'en référer à l'usage et à la pratique séculaire du pays, si on leur demande pourquoi ils ne placent pas tout

---

(1) Chaptal ne parle pas du tout de cette matière visqueuse comme étant le ferment du vinaigre.

ou partie de ce dépôt dans les tonneaux lorsqu'il s'agit d'en mettre en train de nouveaux.

Tout ceci s'éclaircira bientôt. Mais n'oublions pas une dernière remarque au sujet de l'extrait précédemment cité de l'article de la *Chimie* de Chaptal. La mère, c'est-à-dire le tonneau, travaille bien, dit Chaptal, lorsqu'il y a de la fleur à la surface. Ne serait-ce donc pas là le ferment, la véritable mère ? Non, disait Berzélius ; à la surface de toutes les matières organiques mortes exposées à l'air, on voit se développer de ces ébauches de végétation. Le vinaigre est une espèce particulière d'infusion végétale. Comme toutes les infusions, il se couvre de pellicules diverses ou bien il donne naissance à des animalcules. Et en effet, outre cette fleur, ne voit-on pas le vinaigre engendrer des myriades d'anguillules. Il n'est pas un tonneau d'une vinaigrerie quelconque, par le procédé d'Orléans, qui ne soit l'asile de quantités incalculables de ces petits êtres. N'a-t-on pas affirmé également que ces anguillules étaient le ferment du bon vinaigre ?

Je viens de dire que les fleurs du vinaigre (ou d'autres analogues) étaient des ébauches de végétation. Il est intéressant, pour compléter l'historique que je trace en ce moment, de savoir à quelle époque l'idée s'en introduisit dans la science. Il y a lieu de penser que c'est à Chaptal qu'elle doit être attribuée.

« Un phénomène, dit-il, qui a autant frappé qu'embarrassé les nombreux écrivains qui ont parlé des maladies du vin, c'est ce qu'on appelle les *fleurs du vin*. Elles se forment dans les tonneaux, mais surtout dans les bouteilles dont elles occupent le goulot : elles annoncent et précèdent constamment la dégénération acide du vin. Elles se manifestent dans presque toutes les liqueurs fermentées, et toujours plus ou moins abondamment, selon la quantité d'extractif qui existe dans la liqueur.

» Ces fleurs, que j'avais prises d'abord pour un précipité de tartre, ne sont plus à mes yeux qu'une végétation, *un vrai byssus, qui appartient à cette substance fermentée*. Il se réduit à presque rien par la dessiccation et n'offre à l'analyse qu'un peu d'hydrogène et beaucoup de carbone.

» Tous ces rudiments ou ébauches de végétation qui se développent dans tous les cas où une matière organique se décompose, ne me paraissent pas devoir être assimilés à des plantes parfaites; ils ne sont pas susceptibles de reproduction, et ce n'est qu'une excroissance ou un arrangement symétrique des molécules de la matière, qui paraît plutôt dirigée par les simples lois de l'affinité que par celles de la vie. De semblables phénomènes s'observent dans toutes les décompositions des êtres organiques. »

Sans doute Chaptal aurait professé les mêmes idées à l'égard de la fleur du vinaigre.

Quoi qu'il en soit, au point où nous sommes arrivés de cette étude historique, c'est-à-dire vers 1830, il n'est pas douteux que l'on ne sait rien de la véritable cause de l'acétification, et que l'opinion de Berzélius paraît être encore la meilleure.

En 1835, la question qui nous occupe aurait pu faire un pas décisif. Tout le monde sait que Cagnard-Latour découvrit à cette époque le fait du bourgeonnement de la levûre de bière, et qu'il introduisit dans la science cette vue, nouvelle alors, que c'était probablement par l'effet de sa végétation qu'elle agissait sur le sucre (1). Chaptal, et après lui Persoon et Desmazières, ayant reconnu que, dans la fermentation acétique, des êtres organisés prenaient naissance, anguillules et mycoderme, la

______

(1) *Voir* mon *Mémoire sur la Fermentation alcoolique* (*Annales de Chimie et de Physique*, 3ᵉ série, t. LVIII; 1860.)

science se trouvait invitée à appliquer à ces êtres la vue préconçue de Cagnard-Latour en ce qui concernait la levûre de bière, et à rechercher expérimentalement si ces êtres, les uns ou les autres, ou tous ensemble, participaient en quelque chose au phénomène. Au lieu de s'attacher à démontrer expérimentalement l'hypothèse de Cagnard-Latour, les partisans *à priori* de cette vue préconçue la regardèrent non-seulement comme fondée en ce qui concerne la levûre de bière, mais ils l'appliquèrent en outre sans étude préalable à la fermentation acétique. C'est ce que firent Turpin et Kützing. En un mot, ces savants renouvelèrent l'idée que j'ai exposée, et qui, comme nous l'avons vu, était déjà depuis longtemps dans la science, à savoir que c'était une matière visqueuse de la nature des végétaux inférieurs, appelée *mère de vinaigre* par certaines personnes, qui était le ferment acétique. C'était reproduire sans preuves une assertion très-ancienne, combattue par Berzélius, mais cela n'ajoutait rien à ce que l'on savait déjà (1), et la vraie science ne doit attribuer aucune valeur à ces sortes de généralisations et d'assertions anticipées. Les savants, habitués à une expérimentation rigoureuse, ne s'y trompèrent pas. « Il est des cas sans doute, dit M. Dumas, où une intervention mystérieuse encore de quelques matières organiques peut faire penser que l'acétification se rattache aux fermentations proprement dites; mais tant qu'on n'aura pas montré les ferments dont il s'agit, isolés de toute autre matière, et *produisant les phénomènes qu'on leur attribue*, il pourra rester des doutes sur

------

(1) Cela est si vrai, que M. Turpin s'est même trompé sur la nature spécifique de la fleur du vinaigre. Il a décrit une fleur de vin (qui est en outre un peu de fantaisie), au lieu de la fleur du vinaigre qui en diffère tant. *Voir* la planche correspondante de son Mémoire intitulé : *Mémoire sur la cause et les effets de la Fermentation alcoolique et acéteuse*, et inséré au tome XVII des *Mémoires de l'Académie des Sciences. Voir* Kützing, *Répertoire de Chimie;* 1838.

la réalité de leur existence (1). » On ne pouvait mieux indiquer les *desiderata* de la science sur cette question.

D'ailleurs, il faut remarquer qu'à l'époque dont je parle l'étude de la fermentation acétique, étude très-délicate comme toutes celles qui ont trait aux fermentations, s'était compliquée d'un principe entièrement nouveau et qui paraissait devoir éloigner toute idée d'une intervention vitale dans les phénomènes de l'acétification, et la faire rentrer dans le cercle des réactions chimiques ordinaires. Edmond Davy, en effet, depuis 1821, avait fait de l'acide acétique avec de l'alcool et du noir de platine, c'est-à-dire, comme Dœbereiner et surtout M. Liebig le démontrèrent, par une influence de corps poreux capables de condenser l'oxygène.

Aussi M. Liebig, qui fut avec Berzélius l'adversaire le plus autorisé de l'hypothèse faite par Cagnard-Latour à la suite de son observation sur le bourgeonnement de la levûre de bière, M. Liebig, dis-je, développa bientôt des opinions qui fortifiaient celles de Berzélius, tout en différant d'elles sur quelques points.

Il est opportun de reproduire ici la théorie de l'acétification telle que l'a exposée dans son *Traité de Chimie organique* l'illustre chimiste allemand (2).

« L'alcool pur ou étendu d'eau ne s'acidifie pas à l'air. Le vin, la bière, et en général les liqueurs fermentées qui, outre l'alcool, contiennent des matières organiques étrangères, s'acidifient facilement au contact de l'air, à une certaine température. L'alcool pur étendu d'eau subit la même transformation

(1) Dumas, *Chimie appliquée aux arts*, t. VI, p. 341, art. Fermentation acétique; 1843.

(2) Liebig, *Traité de Chimie organique*, t. 1er, p. 386; 1841.

quand on y ajoute certaines matières organiques, telles que de l'orge germée, du vin, du marc de raisin, du ferment, ou même du vinaigre déjà tout formé.

» En considérant l'ensemble des phénomènes, il ne peut pas y avoir le moindre doute à l'égard du rôle que jouent ces matières azotées dans l'acidification de l'alcool. Elles mettent l'alcool en état d'absorber l'oxygène, puisque à lui seul il ne possède pas cette faculté. L'acidification de l'alcool est absolument de même ordre que l'action qui provoque la formation de l'acide sulfurique dans les chambres de plomb; de la même manière que l'oxygène de l'air est transporté sur l'acide sulfureux par l'intermédiaire du bioxyde d'azote, de même aussi les substances organiques, en présence de l'esprit-de-vin, absorbent l'oxygène et le mettent dans un état particulier qui le rend susceptible d'être absorbé par l'alcool.... Les copeaux et la sciure de bois humides absorbent l'oxygène de l'air avec rapidité et pourrissent en donnant naissance à de l'acide carbonique et à une matière soluble. Cette propriété d'absorber l'oxygène reste la même quand on humecte le bois avec de l'alcool étendu d'eau; mais, dans ce cas, l'oxygène se porte sur l'alcool et non pas sur le bois, et on obtient ainsi de l'acide acétique.

» Le noir de platine très-divisé se comporte de la même manière avec l'oxygène. La seule différence consiste en ce que l'oxygène qu'il condense ne l'altère pas, comme il altère les matières organiques. Quand on humecte le platine avec de l'alcool étendu d'eau, il cède l'oxygène condensé à l'hydrogène de ce dernier, d'où il résulte de l'eau et de l'aldéhyde qui passe à l'état d'acide acétique en présence d'un excès d'oxygène. En continuant à absorber de l'oxygène, le platine le cède constamment à l'alcool sans éprouver lui-même la plus légère altération; les matières organiques, au contraire, prennent des formes différentes à la température élevée à laquelle l'acidification a lieu; il se produit dans la liqueur chaude, comme dans les eaux thermales, des végétations particulières qui se déposent en grande quantité au fond des vases, sous forme de masses blanches gélatineuses connues sous le nom de *générateur* ou *mère du vinaigre....*

» Toutes les matières végétales ou parties de plantes, tous les fruits charnus, pris à l'état frais, se comportent avec l'oxygène comme le noir de platine; en présence de l'alcool étendu, ils entretiennent l'acidification, c'est-à-dire qu'ils absorbent l'oxygène et le cèdent à l'alcool.

» L'effet que ces matières organiques produisent dans l'acte de l'acidification a été attribué à une force particulière à laquelle on a donné le nom de *force catalytique*. Cette force se manifeste, dit-on, par le simple contact de certaines matières.... Sans aucun doute on aurait également déduit la formation de l'acide sulfurique de l'influence catalytique, si le hasard n'avait pas dévoilé et mis dans son vrai jour le rôle que le deutoxyde d'azote joue dans cette action; en effet, ce gaz se colore en présence de l'oxygène et se décolore par le contact de l'eau, en abandonnant à l'acide sulfureux l'oxygène qu'il avait absorbé.

» Ce qui précède suffit pour faire saisir les principes de la fabrication ordinaire du vinaigre. »

Telle est la théorie de M. Liebig, qui était généralement adoptée lorsque j'ai publié les premiers résultats de mes recherches sur la fermentation acétique (1).

---

(1) Cependant tous les chimistes ne partageaient pas ces vues théoriques, particulièrement en Angleterre. Rob. Thomson a publié, en 1852, une Note sur la nature et les effets de la mère du vinaigre, où il ne met pas en doute que, dans certains procédés de fabrication, le vinaigre est produit par cette plante (*Annalen der Chemie und Pharmacie*, t. LXXXIII, p. 89).

Toute influence de ferment organisé se trouve écartée. Si des végétations particulières apparaissent dans la fabrication, ce sont des matières analogues à .celles qu'on rencontre dans les eaux thermales ou dans toutes les infusions. Elles sont le produit du phénomène, une suite occasionnelle des conditions dans lesquelles il se montre, mais elles n'interviennent pas dans sa manifestation. C'était, au fond, la même opinion que celle de Berzélius.

DEUXIÈME PARTIE.

§ 1. — *Description du* mycoderma aceti (*fleurs du vinaigre*). *Rôle de cette plante dans la fermentation acétique.*

J'ai pour objet de démontrer dans ce Mémoire que la fermentation appelée acétique s'accomplit sous l'influence exclusive d'un être organisé agissant à la manière du noir de platine. Entre cette théorie et la théorie ancienne que je viens d'exposer d'après M. Liebig, il y a cette différence fondamentale, qu'au lieu de placer la propriété de condensation et de transport de l'oxygène de l'air dans les copeaux, la sciure de bois, le terreau, les débris de végétaux, dans les diverses parties des plantes ou dans les matières azotées du vin, de la bière, de la levûre, etc., je crois qu'elle ne réside que dans un mycoderme, et que dans tous les cas où les matières précédentes, humectées d'alcool à une certaine température, ont donné lieu à une formation d'acide acétique, le mycoderme a pris nais-

sance à l'insu de l'expérimentateur (1). La différence des deux
opinions, toute simple qu'elle puisse paraître au premier abord,
est au fond considérable, autant pour la théorie que pour les
applications industrielles, et elle touche à une grave question,
celle de la fixation de l'oxygène de l'air par les matières organiques mortes, dont je ferai le sujet d'une publication spéciale.

Le *mycoderma aceti* est une des plantes les plus simples que
l'on puisse imaginer. Elle consiste essentiellement en chapelets
d'articles, en général légèrement étranglés vers leur milieu,
dont le diamètre, un peu variable suivant les conditions dans
lesquelles la plante s'est formée, est moyennement de 1 à 1,5 millième de millimètre. La longueur de l'article est un peu plus
du double, et comme il est un peu étranglé en son milieu, on
dirait quelquefois une réunion de deux petits globules, surtout
lorsque l'étranglement est court; et quand il y a une couche,
une pellicule un peu serrée de ces articles, on croirait avoir
sous les yeux un amas de petits grains ou de petits globules. Il
n'en est rien. Si l'on méconnaissait cette structure des articles
du *mycoderma aceti,* on pourrait souvent confondre ce mycoderme avec des ferments en chapelets de grains de même diamètre qui en diffèrent cependant essentiellement par leur fonction chimique.

---

(1) Je n'ai pas fait d'expériences sur toutes ces matières, mais le *mycoderma
aceti* et le *mycoderma vini* se forment avec tant de facilité partout où l'on rencontre de l'alcool mêlé à des substances qui sont plus ou moins des sources de
phosphates et de matières azotées, ne fût-ce que par les poussières qui les re-
couvrent et qui suffiraient bien pour commencer le phénomène; il sera si bien
prouvé, je le crois, par mes observations, que c'est le *mycoderma aceti* qui intervient exclusivement dans les fermentations acétiques industrielles, qu'il est raison-
nable de rejeter complétement l'idée de la possibilité de l'acétification à l'aide des
corps poreux formés par des débris organiques quelconques, au moins jusqu'à ce
que des expériences positives l'aient établie. A ma connaissance il n'en existe pas.

Le mode de multiplication de ces articles n'est pas douteux. Chacun d'eux s'étrangle de plus en plus, et donne deux nouveaux globules ou articles qui s'étranglent eux-mêmes en grandissant, et ainsi de suite. Beaucoup d'infusoires, les vibrions notamment, se reproduisent ainsi.

On peut composer des liqueurs qui provoquent le développement de la plante avec une rapidité vraiment extraordinaire. Que l'on prenne, par exemple, un liquide formé de :

> 100 parties eau de levûre de bière (1), à 2, 3, 5 millièmes de matière dissoute, plus ou moins ;
> 1 ou 2 parties d'acide acétique ;
> 3 ou 4 parties d'alcool,

et que l'on sème à sa surface quelques taches de *mycoderma aceti*, à la température de 20 degrés environ, dès le lendemain ou le surlendemain, le plus souvent, la surface du liquide, quelle que soit son étendue, sera couverte d'un voile uni, formé exclusivement par les petits articles du mycoderme, en chapelets enchevêtrés. L'imagination se refuse à calculer le nombre des articles ainsi produits dans un espace de temps relativement très-court.

La *fig.* 5 représente le *mycoderma aceti* en voie de formation à la surface de la liqueur. Ce n'est point une figure de

---

(1) Prendre de la levûre de bière en pâte, la faire bouillir dans de l'eau pendant un quart d'heure à la dose de 50 ou 100 grammes par litre d'eau, filtrer à clair ; c'est ce que j'appelle *eau de levûre*. En évaporant 100 centimètres cubes de la liqueur, desséchant dans une étuve à eau bouillante, on a la teneur des matières extractives dissoutes. Ce sont des substances albuminoïdes et autres, avec phosphates terreux et alcalins, qui, en général, offrent dans cette préparation un aliment azoté et minéral excellent pour la plupart des ferments, soit végétaux, soit animaux. La bière, le vin, le cidre, etc., renferment des principes analogues, principes que l'on appelait des *ferments* lorsque, disait-on, ils avaient subi, au contact de l'air, une altération de nature indéterminée.

fantaisie, et la réalité est bien au-dessus d'un dessin, quelque soigné qu'il puisse être, pour la régularité et, j'ose dire, la beauté de ces petits chapelets.

Fig. 5.

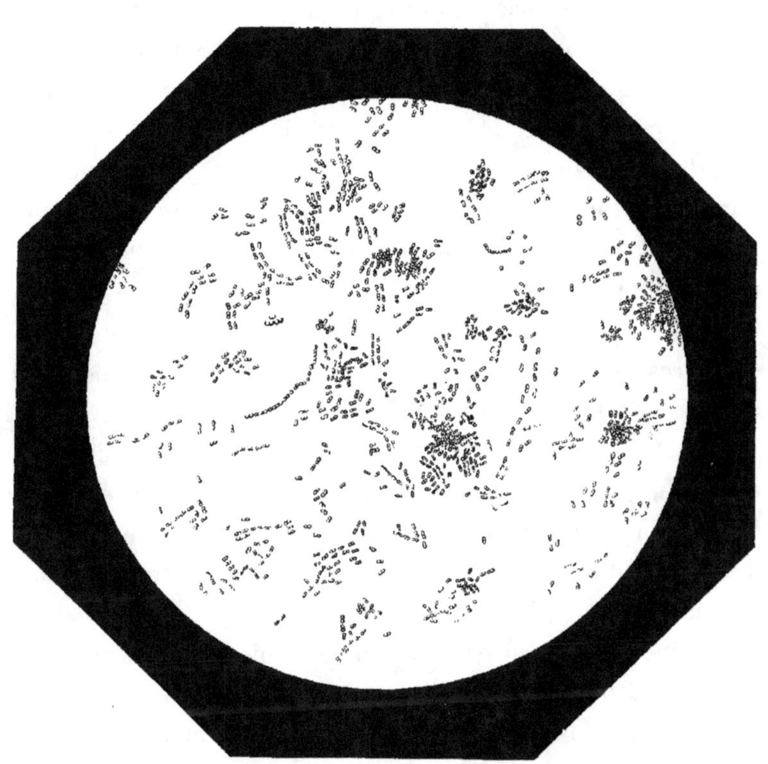

On peut voir rayonner les chapelets d'articles dans toutes les directions à partir de divers centres. C'est ainsi en effet que marche le développement de la plante. Seulement, il est difficile de s'en assurer dans des observations microscopiques ordinaires qui se font en trempant simplement l'extrémité d'une baguette de verre dans le liquide, et en déposant ensuite sur le porte-objet la petite portion du voile mycodermique qui est restée adhérente à la baguette. Cet essai permet bien de distinguer la forme des articles et leur multiplication en chapelets, surtout si l'on a soin de faire l'observation microscopique le premier ou le second jour du développement, alors que les chapelets ne sont pas encore trop enchevêtrés. Lorsqu'on veut assister à la propagation des articles par rayonnement à partir de divers centres, voici l'artifice qu'il faut employer. On fait développer le mycoderme sur quelques centimètres cubes de liquide placés dans une petite cuve de verre dont le fond est formé par une lame de verre extrêmement mince. Lorsque la plante est en voie de multiplication, on enlève à l'aide d'une pipette la presque totalité du liquide. Le voile descend peu à peu sans se disloquer en restant toujours à la surface des dernières portions de la liqueur. Lorsqu'il n'y a plus qu'une couche de liquide d'une excessive minceur, on regarde le voile à travers le fond de la cuve, à l'aide d'un microscope de Nachet, dont l'objectif est en dessous de l'objet à étudier. On voit alors avec une grande netteté des amas d'articles d'où partent dans toutes les directions de charmants chapelets (1).

Comment se procurer une première fois la semence de *mycoderma aceti?* Rien n'est plus facile. Le liquide dont j'ai donné tout à l'heure la composition, ou tout autre analogue, fournit constamment, après un temps plus ou moins long (deux, trois, quatre jours ou un peu plus), un voile de *mycoderma aceti*. On

---

(1) Je crois qu'avec un peu de patience, et par l'emploi de ce mode d'observation, il serait facile, en maintenant l'œil au microscope pendant une demi-heure ou une heure, d'assister à la multiplication des articles par scissiparité.

On trouve dans l'*Intellectual Observer* de Londres (novembre 1863) une discussion sur la nature des mycodermes, par M. H. Slack. Je ne puis me ranger à l'opinion de l'auteur sur beaucoup de points, particulièrement en ce qui regarde les bactériums comparés au *mycoderma aceti*.

le place à cet effet dans un cristallisoir, couvert d'une lame de verre. Les poussières qui sont en suspension dans l'air, ou à la surface des parois du cristallisoir, ou dans les liquides mélangés, renferment toujours quelque semence pouvant amener le développement du *mycoderma aceti*. Il faudrait, pour que cela ne fût pas, prendre des précautions particulières, par exemple mélanger les liquides lorsqu'ils sont chauds, laver à l'eau bouillante le cristallisoir, etc., toutes manipulations qui tuent les germes des êtres inférieurs. Il n'est pas difficile de s'en convaincre, car si l'on prenait les précautions de propreté exagérée que j'indique, bien qu'on opérât au contact de l'air ordinaire, on verrait que l'on peut reculer beaucoup le moment de l'apparition spontanée de la plante (1).

J'ai dit que des liquides dont la composition était analogue à celle de la liqueur artificielle dont j'ai parlé tout à l'heure pourraient servir aussi bien que celle-ci à se procurer *spontanément* une première fois le *mycoderma aceti*. Je citerai pour exemple un mélange de 1 volume de vin rouge ou blanc ordinaire, avec 2 volumes d'eau et 1 volume de vinaigre; ou bien encore 1 volume de bière, 1 volume d'eau et $\frac{1}{7}$ volume de vinaigre. Je parle ici de vinaigre de table qui renferme environ 7 pour 100 d'acide acétique. Au lieu de vinaigre de table, on pourrait se servir d'eau pure additionnée d'une quantité correspondante d'acide acétique cristallisable.

Les proportions de ces mélanges peuvent varier beaucoup en restant néanmoins dans de certaines limites. Ce qui doit être évité lorsqu'on veut obtenir *spontanément* le *mycoderma aceti*,

---

(1) J'ai souvent fait remarquer que les poussières qui sont à la surface des objets représentent toujours, en tant qu'il s'agit des poussières et germes en suspension dans l'air, un volume d'air très-considérable.

ce sont d'une part les petits infusoires, bactériums et autres, et le *mycoderma vini*. J'ai fait sur ce sujet un grand nombre d'expériences afin de rechercher quel était le milieu qui convenait le mieux au développement de ces deux mycodermes. Voici un aperçu de leurs résultats.

Le vin ordinaire, surtout le vin rouge et particulièrement le vin rouge nouveau, non étendu d'eau et sans addition d'acide acétique, ne donne que rarement le *mycoderma aceti* spontané Il produit assez facilement, au contraire, le *mycoderma vini*. Il le produit plus facilement encore si l'on étend le vin de son volume d'eau. Le vin rouge ordinaire donne assez difficilement naissance au *mycoderma aceti* pour que j'aie vu souvent le *mycoderma vini* se former spontanément sur du vin à la surface duquel je n'avais pourtant semé que du *mycoderma aceti*, et bien que ce dernier eût pris déjà un commencement de développement, pénible il est vrai. Il est assez curieux même d'observer dans ce cas la marche de ces développements. Tandis que le *mycoderma aceti* se multiplie avec une grande lenteur, le *mycoderma vini*, de croissance plus rapide, envahit peu à peu la surface du liquide et refoule toutes les plages couvertes de *mycoderma aceti*, lequel s'épaissit progressivement, puis finit par tomber au fond du liquide en laissant toute la place à son voisin.

Mais les choses se passent autrement si le vin est additionné d'acide acétique, par exemple de son volume de vinaigre de force ordinaire. C'est alors le *mycoderma aceti* qui se développe de préférence, et on peut reproduire dans ces conditions l'expérience inverse de tout à l'heure, c'est-à-dire faire étouffer le *mycoderma vini* par son congénère.

Enfin on peut avoir des liqueurs qui offrent à la fois par développement spontané les deux mycodermes mêlés. Ainsi la bière étendue de son volume d'eau donne volontiers un mélange des deux mycodermes. Sans addition d'eau, le *mycoderma vini* est ordinairement le plus abondant.

On empêche toujours les bactériums de se montrer en acidulant un peu les liqueurs (1).

Du développement mucilagineux du mycoderma aceti. — La *fig.* 1 de la page 12 représente le *mycoderma aceti* tel qu'il s'offre à la surface d'un liquide dans les premiers temps de son développement sous l'influence d'articles de la plante déposés directement à la surface du liquide, ou sous l'influence des germes en suspension dans l'air. Dans ces deux cas, la plante se multiplie sous forme de voile d'apparence plus ou moins sèche, uni ou ridé, qui se laisse peu mouiller par le liquide sous-jacent à cause des matières grasses propres à la plante (2). Dans les premiers jours, ce voile se déchire facilement. Une baguette de verre qu'on enfonce dans le liquide perce le voile, le troue, et en la retirant une partie du voile reste attachée à la baguette. Peu à peu, ce voile s'épaissit de plus en plus par la multiplication des chapelets d'articles qui, s'enchevêtrant dans toutes les directions, finissent par former une pellicule plus ou moins épaisse et difficile à déchirer. Une baguette de verre enfoncée sans effort dans le liquide ne perce plus le voile. En soulevant celui-ci en un de ses points, on entraîne les portions contiguës,

---

(1) Il y a longtemps que j'ai constaté l'influence nuisible des acides, même à très-petite dose, pour empêcher le développement des infusoires et favoriser celui des moisissures. *Voir* mon *Mémoire sur les corpuscules organisés qui existent en suspension dans l'air de l'atmosphère* (*Annales des Sciences naturelles* et *Annales de Chimie et de Physique*, t. LXIV; 1862). *Voir* aussi une Note d'un de mes élèves, M. Duclaux, *Sur la germination des spores qui sont en suspension dans l'air* (*Comptes rendus de l'Académie des Sciences*, t. LVI, p. 1225).

(2) J'ai reconnu par des épreuves directes, à l'aide de l'éther, que le *mycoderma aceti* renfermait des substances grasses au nombre de ses principes immédiats.

sous forme d'une membrane grasse au toucher, glissante, et toujours assez difficile à mouiller. Dans ce cas, la plante n'est développée qu'à la surface. Si l'on enlève le voile, il ne reste que le liquide plus ou moins acétifié.

Il y a une autre forme très-différente de développement de la plante et qu'il importe de bien connaître. On peut dire d'une manière générale que la culture prolongée du *mycoderma aceti* dans un milieu acétique quelconque finit toujours par le montrer sous la forme que je vais décrire. Mais souvent aussi on le voit naître de prime abord à cet état. La plante se présente sous la forme d'une matière mucilagineuse qui grandit peu à peu de manière à atteindre la surface, où elle offre des espèces de nodosités visqueuses qui se relient peu à peu les unes aux autres et constituent une sorte de peau humide, gonflée, gélatineuse et glissante. Elle finit par remplir tout le liquide. Son développement sous cette forme est, comme volume, et aussi comme poids, incomparablement supérieur à ce qu'il est dans le premier cas, dans l'état de voile membraneux non mouillé par le liquide et non submergé.

Jusqu'à présent ce n'est guère que sous cette forme que l'on a décrit le *mycoderma aceti* ou mère du vinaigre.

Au microscope ce sont toujours des articles, un peu moins étranglés peut-être, sensiblement de même dimension que les autres, mais reliés par un mucus translucide, qui, en vieillissant, prend l'aspect et la consistance d'une membrane homogène, d'une sorte de membrane animale. Sous l'influence de la combustion dont nous verrons le *mycoderma aceti* être le siége habituel, n'y aurait-il pas fusion, suture de la matière des articles? Je dois remarquer que ce mucus n'est pas exclusivement propre à la forme de développement dont je parle. Il est certain que, même dans l'état de voile membraneux, une sorte de matière glutineuse réunit les articles. La présence de cette matière se trahit, bien qu'elle soit invisible, par la disposition en chapelets que prennent les articles, alors même que ceux-ci sont disjoints et éloignés les uns des autres. On sait que les mucors et moisissures ont deux manières d'être fort distinctes, suivant qu'ils vivent à la surface des liquides ou dans leur intérieur. La forme mucilagineuse du *mycoderma aceti* est en quelque sorte la forme propre au *mycelium* de ce mucor.

Mais ce qui nous intéresse particulièrement, c'est de savoir dans quelle circonstance la plante prend l'aspect gélatineux et muqueux. Pourquoi n'est-elle pas toujours sous la forme d'un voile uni ou ridé? Ou, inversement, pourquoi n'est-elle pas toujours à l'état mucilagineux? J'ai reconnu que le *mycoderma aceti* se développe à l'état muqueux toutes les fois que la semence en est partout répandue dans la masse même de la liqueur, et qu'un voile plus ou moins rapidement formé ne soustrait pas l'oxygène et n'empêche pas la semence dispersée dans la masse du liquide de vivre sur le fond du vase ou dans l'intérieur même de ce liquide. Il prend au contraire l'état de voile lorsqu'il provient de semence déposée seulement à la surface.

Par exemple, dans toutes les expériences où l'on se sert de vinaigre brut, surtout un peu trouble, et qui renferme des articles du mycoderme flottant dans l'intérieur du liquide, même en quantité presque insensible à la vue, on peut être assuré que la plante se développera à l'état gélatineux (1). On empêchera

---

(1) Que l'on me permette de raconter ici les détails d'une visite que je reçus, le 27 mai 1863, d'un habile fabricant d'Orléans, qui était venu me consulter sur un accident de sa fabrication.

« J'ai en travail présentement, me dit-il, un vin du Midi qui a provoqué le développement de ces matières gélatineuses dans les *mères*. » Et il me présentait en

cet effet si l'on porte pendant quelques instants le vinaigre à 5o ou 6o degrés, parce que l'on tuera ainsi tout germe de la plante renfermé dans le vinaigre.

Si la plante commence à se former à l'état de voile, et qu'on la veuille mucilagineuse, il suffira de disloquer le voile et de l'agiter pendant quelques instants dans le liquide afin qu'un certain nombre d'articles soient mouillés et restent au fond ou dans l'intérieur du liquide. C'est seulement dans le cas où un voile, se propageant à nouveau très-rapidement, mettrait en

---

même temps un flacon tout rempli de *mycoderma aceti* sous la forme mucilagineuse. « Ces matières, ajouta-t-il, entravent la fabrication. — C'est, répondis-je, une des formes de production du *mycoderma aceti.* »

Le fabricant essaya de me prouver que ce devait être autre chose, tant cette forme du mycoderme est inconnue à Orléans, ainsi que je l'ai déjà fait remarquer. (*Voir* première Partie, § II, p. 53.)

« Votre vin, continuai-je, doit être trouble et avoir subi dans le pays où vous l'avez acheté un commencement d'acétification qui n'a pu s'effectuer que par l'influence d'une pellicule de *mycoderma aceti.* Le vendeur n'a pas eu la précaution de coller le vin au départ, ni de le soutirer de façon à ne pas mêler dans sa masse les articles du voile de la surface. Ce sont ces articles qui le troublent, et qui, dans les tonneaux mères, amènent la formation de ces masses gélatineuses s'opposant à une bonne marche de la fabrication. Il y a trop de germes du ferment en quelque sorte. Il ne faut pas qu'il y en ait dans tout l'intérieur du liquide. C'est une des raisons qui obligent dans votre industrie de filtrer avec soin le vin qu'on emploie et qui est souvent en partie altéré.

— C'est vrai, me dit le fabricant, le vin est trouble, et j'ai de la peine à l'éclaircir préalablement. Au surplus, voici un échantillon de ce vin. »

Il me montra un petit flacon d'un vin blanc qui était en effet tout trouble.

« Je vais vous faire voir, répliquai-je, que ce vin est déjà un peu aigri, très-peu, puisque l'odorat ne l'accuse pas. »

J'évaporai doucement quelques centimètres cubes du vin dans une capsule, et à la fin de l'évaporation une odeur vive d'acide acétique se manifesta, ce qui n'arrive pas avec le vin pur.

« Examinons maintenant ce vin au microscope, et nous reconnaîtrons qu'il est tout rempli de petits articles de *mycoderma aceti,* et que telle est la cause du trouble de la liqueur. »

J'avais déjà antérieurement appris à ce fabricant à distinguer au microscope le *mycoderma aceti.*

Le résultat fut tel que je l'avais annoncé.

« Comment pourrais-je m'opposer au développement de ces matières gélatineuses?

œuvre pour son propre compte tout l'oxygène, que l'état mucilagineux de la plante ne se montrerait pas.

Aussi rien n'est plus facile, en suivant les indications précédentes, que de se procurer le mycoderme gélatineux en masses
aussi considérables qu'on le désire et dans l'espace de quelques
jours, surtout si l'on a la précaution d'employer un vinaigre
faible qui convient beaucoup mieux que le vinaigre fort à la
production du mycoderme sous la forme muqueuse. J'en donnerai des exemples dans le cours de ce Mémoire.

Bien que le *mycoderma vini* puisse se multiplier sur le fond
des vases et complétement submergé, il n'offre jamais l'aspect
gélatineux du *mycoderma aceti*.

Je vais maintenant rendre compte des expériences qui me
portent à conclure que le *mycoderma aceti* est l'*agent par ex-
cellence* de l'acétification, et que, dans toutes les fermentations
acétiques industrielles, il en est l'*agent exclusif*.

§ II. — *Pas de mycoderme, pas d'acétification.*

Mes essais sur la fermentation acétique ont été extrêmement
multipliés. Or, je puis affirmer que, dans aucune circonstance,

---

— Vous pouvez essayer divers moyens. En faisant chauffer le vin, et déjà bien
au-dessous de la chaleur de l'eau bouillante, vous détruirez la vitalité des articles
du mycoderme. La filtration deviendra plus facile, et il n'y aura d'ailleurs plus à
craindre le développement de ces articles, non plus par suite celui des matières
gélatineuses. Un autre moyen plus économique consisterait à ajouter un peu de
tannin au vin, puis une solution de colle forte, afin d'opérer un *collage* énergique
qui précipiterait les articles de *mycoderma aceti*. Choisissez, en un mot, tel procédé qui vous conviendra, pourvu qu'il ait pour effet d'éloigner ou de faire périr
les articles de mycoderme partout répandus dans le vin. »

J'ai voulu par ces détails montrer non-seulement l'un des écueils de la fabrication, mais principalement confirmer, par un exemple pratique, l'exactitude de
quelques-uns des résultats de ce Mémoire et la sûreté des principes qui y sont exposés.

un liquide alcoolique quelconque, plus ou moins chargé de
matières dites albuminoïdes, extractives ou autres, ne m'a offert
la moindre apparence d'acétification, tant qu'il n'y a pas eu
développement de mycoderme. Vin naturel, vin étendu d'eau,
vin étendu d'eau et d'acide acétique, bière, eau d'orge alcoolisée, mêlées ou non de telle ou telle proportion d'acide acétique, vin de jus de betteraves, eau de levûre de bière alcoolisée, eau de blé, eau d'écorce de divers arbres, jus de fruits
bruts ou fermentés, tous ces liquides ne s'aigrissent jamais au
contact de l'air par oxydation directe. Mais il n'en est aucun
qui ne soit propre à donner naissance très-rapidement, et souvent dans l'espace de vingt-quatre heures, soit au *mycoderma
vini*, soit surtout au mélange du *mycoderma vini* et du *mycoderma aceti*, soit aussi au *mycoderma aceti pur*, végétations
qui ont la singulière propriété de fixer l'oxygène de l'air, de le
condenser à la manière du noir de platine, en déterminant la
combustion à un degré plus ou moins avancé des matières en
dissolution, et notamment de l'alcool et de l'acide acétique.

Ce n'est pas à dire que si l'on expose au contact de l'air tous
es liquides que je viens d'énumérer, ils n'y éprouvent pas du
tout d'altération. Le lecteur pourra se convaincre, en lisant une
Note insérée aux *Comptes rendus de l'Académie des Sciences*
(avril 1863), que j'ai mis hors de doute l'oxydation directe et
variable des matières organiques, en dehors de l'influence de
la multiplication des êtres inférieurs. Mais cette oxydation directe s'effectue avec une excessive lenteur, et elle donne lieu à
des résultats bien différents de ceux que nous offre la fermentation acétique par le *mycoderma aceti*. Assurément, puisque
le noir de platine agit sur l'oxygène et ultérieurement sur l'alcool lorsque celui-ci est présent, par un effet de corps poreux
condensant les gaz et les vapeurs, on peut être porté à penser

que des débris organiques solides, voire même des matières
azotées dissoutes avides d'oxygène, pourraient bien également
servir d'intermédiaire à l'oxydation de l'alcool, et autoriser des
idées théoriques du genre de celles que M. Liebig a dévelop-
pées. Mais il ne s'agit pas de savoir ce qui arriverait dans telle
ou telle hypothèse; qu'arrive-t-il en réalité? voilà ce qu'il importe de connaitre. Eh bien! je n'ai jamais pu obtenir la
moindre acétification des liquides alcooliques fermentés en
dehors de la présence des mycodermes.

Le fait du noir de platine autorise bien des hypothèses,
mais je ne connais pas d'exemple démontré d'acétification de
l'alcool d'un liquide de fermentation par l'action d'un corps
poreux non organisé. Quant à la nature de l'être organisé, je
crois être en mesure de démontrer que, dans toute fermentation acétique de l'ordre des fermentations industrielles,
soit par le procédé d'Orléans, soit par le procédé des copeaux,
l'action résulte de la présence du *mycoderma aceti* développé
spontanément dans les vaisseaux.

Dans ces études comme dans toutes celles qui concernent les
fermentations, l'illusion est facile. La levûre de bière est quelquefois utilisée pour acétifier des jus de betteraves fermentés, ou
tout au moins, dit-on, il en faut pour mettre en train l'acétification, et il existe des procédés de fabrication recommandés par
divers auteurs, où la levûre de bière est employée comme ferment. Fourcroy et Vauquelin, d'autre part, acétifiaient le sucre
avec de l'eau de froment, de l'eau de gluten, etc. (1). Des essais

---

(1) On lit dans le *Traité de Chimie* de Liebig : « En petit, on peut se procurer un
vinaigre fort et agréable, en exposant pendant quelques semaines le mélange suivant à un endroit chaud : 100 parties d'eau, 13 parties d'eau-de-vie, 4 parties de
miel et 1 partie de tartre cru; ou bien : 120 parties d'eau, 12 parties d'eau-de-vie,
3 parties de cassonade, 1 partie de tartre cru et 1 ½ partie de levûre.

» Pour fabriquer le vinaigre en grand, on se sert du moût de bière qui a déjà

directs m'ont donné la conviction que ces substances n'agissaient que comme source d'aliments (azotés et phosphatés) pour le véritable ferment, qui se développait peu à peu de lui-même et qui n'était autre que le *mycoderma aceti*. On peut laisser pendant plusieurs années la levûre de bière en contact avec des liquides fermentés et de l'air dans des vases en vidange, sans qu'il y ait la moindre acétification tant que le *mycoderma aceti* ne se montre pas. J'ai constaté des faits bien positifs et non douteux à ce sujet.

Lorsqu'il y a acétification après addition de levûre de bière, dire que la levûre est le ferment est une erreur pareille à celle que l'on commettrait en confondant les substances qui servent de nourriture à un végétal avec ce végétal même. Je ferai encore observer que, dans certains cas où le vin commence à s'acétifier dans des bouteilles en vidange, on serait quelquefois porté à croire qu'il y a eu acétification sans mycoderme, tant la pellicule de ce dernier est mince et à peine sensible. Le moindre mouvement de la bouteille peut en outre disloquer le voile, et il est difficile de le retrouver dans le vin à moins d'une étude microscopique délicate. Mais dans ces cas particuliers d'acétification en bouteille, il sera toujours facile de reconnaître dans le goulot au niveau du liquide, sur les parois du verre, un cercle grisâtre formé par le mycoderme, et que l'agitation du liquide fait difficilement disparaître. Quant à l'introduction de l'air, elle se fait par le bouchon.

---

subi la fermentation alcoolique, et on l'expose dans des vases ouverts avec un peu de levûre, dans des chambres chauffées jusqu'à ce que l'acidification soit complète. » LIEBIG, t. I, p. 390.

On sait que le tartre cru renferme toujours une proportion considérable de levûre alcoolique de vin. C'est, suivant moi, la matière qui fournit au ferment ses aliments dans le cas où l'on n'emploie que du tartre cru, comme dans la première recette.

§ III. — *Manière d'agir du* mycoderma aceti.

Première expérience. — Dans la fiole représentée *fig.* 6, dont

Fig. 6.

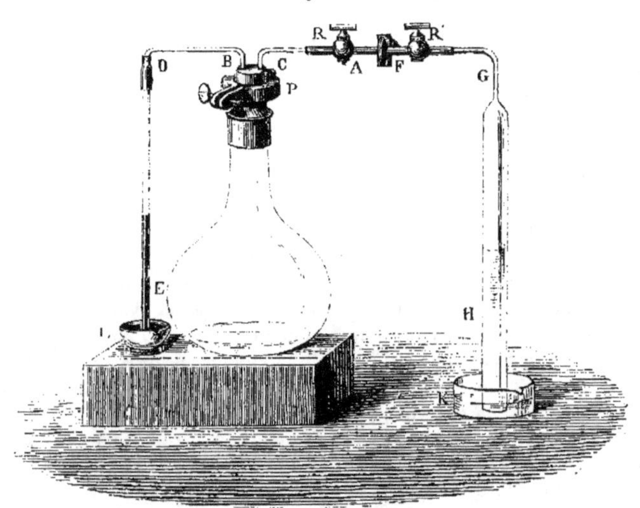

le volume total était de $2^{lit},862$, j'ai introduit, le 2 mars 1862, à 2 heures, 101 centimètres cubes d'un liquide composé de $1^{gr},1$ d'acide acétique cristallisable du commerce, $3^{cc},4$ d'alcool absolu, et le complément à 101 centimètres cubes en *eau de le-vûre*. J'ai déjà dit qu'un liquide ayant une composition de cette nature était éminemment propre au développement du *myco-derma aceti*. Après l'introduction du liquide, j'ai déposé à sa surface une quantité à peine appréciable de ce mycoderme. J'ai expliqué déjà que ce prélèvement et ce transport se font très-facilement à l'aide d'une baguette de verre que l'on trempe dans le liquide. En la retirant, un peu du voile s'y attache, et en la trempant ensuite dans le liquide frais, cette petite portion de voile se détache et s'étale à la surface. C'est ce que j'appelle la semence. Elle agit comme telle en effet (1). J'ai dit que le liquide et sa semence avaient été placés dans la fiole le

(1) Il n'est pas inutile d'en donner des preuves. D'une part, si l'on ne sème rien à la surface du liquide, il pourra se passer un temps considérable, quoique essentiellement variable, avant que l'on voie apparaître le *mycoderma aceti*. Dans ce cas la semence provient des poussières de l'air avec lequel le liquide a été en contact, ou des poussières des vases dans lesquels il a séjourné, poussières qui renferment ou ne renferment pas, selon les circonstances, le germe du mycoderme, ou qui le renferment plus ou moins vivace. Si elles ne le renferment pas, il ne se développe pas, et c'est là ce qui fait que souvent un liquide pareil déposé dans un flacon, même en vidange, ne s'aigrit pas. Avec semence ajoutée le développement a toujours lieu, à moins que la semence ne soit morte, et il se déclare dans les vingt-quatre heures aux températures favorables. Enfin, ce qui prouve encore toute l'efficacité de la semence, c'est que le liquide dont je parle étant également très-propre à nourrir le *mycoderma vini*, si l'on sème ce dernier, c'est du *mycoderma vini* que l'on récolte et non le *mycoderma aceti*. J'ai déjà fait remarquer néanmoins qu'il y a des cas où, tout en semant du *mycoderma vini*, on pourrait ne récolter que du *mycoderma aceti*. C'est qu'alors on aurait rendu la liqueur beaucoup plus propre au développement du *mycoderma aceti* qu'au développement de son congénère, et que la semence ajoutée, très-lente à se multiplier ou même fanée par l'effet de la composition du liquide, ne se propagerait pas assez promptement à la surface pour empêcher le développement *spontané* du *mycoderma aceti*, c'est-à-dire le développement par les germes primitivement existants dans la liqueur. On arriverait, par exemple, à ce résultat, si l'on forçait dans la composition de notre liqueur la proportion d'acide acétique, en laissant la même ou en diminuant au contraire un peu celle de l'alcool. Cela tient uniquement à cette circonstance que le *mycoderma aceti* se plait dans les liquides acétiques, tandis que le *mycoderma vini* s'accommode mieux des liquides un peu alcooliques et peu acides. A la rigueur il s'accommoderait des liquides neutres s'il n'avait pas à redouter alors les infusoires qui s'opposent à son développement en prenant pour eux tout l'oxygène.

Si le lecteur réfléchit à ces observations et à beaucoup d'autres de la même nature, il se convaincra sans peine de la mobilité des résultats de toutes ces études sur les fermentations, mais en même temps il reconnaîtra que par des expériences suivies et raisonnées, on peut arriver à découvrir les causes générales déterminantes de la variation des résultats et s'en servir comme d'un guide sûr pour se rendre compte de cette mobilité apparente. Elle est toujours l'effet de conditions particulières, régies, dans leur influence sur la marche des phénomènes, par des lois d'une fixité non douteuse.

C'est ce qui fait également que dans cet ordre d'études il n'est pas difficile de constater des faits particuliers, isolés, nouveaux ou paraissant l'être, tant ils sont nombreux et changeants. Mais si l'on n'en recherche pas la liaison avec le phénomène principal, si l'on n'établit pas que cette liaison existe, ou qu'elle n'existe pas, souvent, loin d'éclairer le sujet, on ne fait que l'obscurcir. Je pourrais en citer de nombreux exemples tirés de publications récentes.

2 mars, à 2 heures. La pression barométrique était de $744^{mm},6$. Aussitôt après, la garniture métallique ABCDE a été serrée fortement, à l'aide de la pince P, à la garniture également métallique de la fiole. Le tube de verre DE, mastiqué en D, plonge dans le godet L plein de mercure. Quant à la pièce FGH, j'en dirai l'usage plus tard. Présentement elle n'est pas encore adaptée à la garniture AB.

Le 3 mars, toute la surface du liquide dans la fiole est couverte d'un joli voile très-mince, uni, un peu terne, de *mycoderma aceti*. Dès que le voile se montre, on constate une absorption et une fixation d'oxygène qui, dans cette manière d'opérer, s'accuse et se mesure par l'ascension du mercure dans le tube ED.

Heures.	Élévation du mercure.	Pression barométrique.	Température.

Le 3 Mars.

	cent.		
12.35	$11,6$	$738,5$	25°
$1. 5$	$12,2$	»	»
$2. 5$	$12,7$	»	»
5.15	$12,9$	»	»
Minuit.	$13,6$	»	»

Le 4 Mars.

$9. 0$ M.	$14,7$	748.6	25
$4. 0$ S.	$14,7$	»	»

Le 5 Mars.

$9. 0$ M.	$15,7$	$759,0$	25

Ce tableau nous montre que l'absorption de l'oxygène, et par suite l'acétification de l'alcool, comme nous le verrons tout à l'heure en dosant l'acide acétique formé, était déjà considérable

vingt-quatre heures après l'ensemencement, et que trente-six
heures après environ elle était entièrement achevée, ce qui sera
confirmé par l'analyse du gaz de la fiole. Cela donne une idée
bien nette de la rapidité avec laquelle se fait le développement
de la plante et de l'absorption de l'oxygène. On voit en outre
que cette absorption qui correspondait encore, le 3 mars à
midi, à une ascension de 6 millimètres de mercure par demi-
heure, très-appréciable par conséquent à l'œil nu dans l'intervalle de quelques minutes, n'était déjà plus que de 5 millimètres par heure entre 1 et 2 heures, de 2 millimètres seulement
pour trois heures entre 2 et 5 heures. Il est évident d'ailleurs
que cette ascension, nulle au début, ou, mieux, insensible tant
qu'il n'y a pas de voile et seulement la semence, s'accélère peu
à peu et retombe à zéro, par degré, au fur et à mesure de la
soustraction du gaz oxygène.

Analyse du gaz de la fiole. — Il fallait trouver le moyen de
faire l'analyse du gaz de la fiole à un moment quelconque de
l'expérience, si besoin était, et de manière à ne pas la troubler,
c'est-à-dire sans disloquer le voile ni déranger la fiole de place.
On y parvient facilement à l'aide du tube FGH qui n'est autre
chose que le laboratoire de l'eudiomètre de M. Regnault. Après
avoir été rempli de mercure, ce tube est approché de la fiole et
réuni au robinet A à l'aide d'un collier à gorge. On ouvre alors
le robinet R', puis le robinet R. Le gaz de la fiole passe aussitôt dans le tube FGH, en vertu de sa force élastique. On re-
ferme les robinets dès qu'on juge que la prise de gaz est suffisante pour l'analyse eudiométrique. Le tube FGH est ensuite
séparé de la fiole et adapté à l'eudiomètre pour l'analyse du
gaz. La fiole n'a pas été remuée pendant toute cette manipulation. Afin d'éviter la cause d'erreur tenant aux petites quantités
d'air logées dans les robinets, je plaçais dans leurs gaines de

petits cylindres d'acier qui les remplissaient à peu près complétement sans s'opposer toutefois au passage du gaz.

Dans l'expérience qui précède, le gaz de la fiole a été ana-
lysé le 5 mars en suivant les indications que je viens de donner. Il était composé de :

$$
\begin{array}{lr}
\text{Acide carbonique .} \dots\dots\dots\dots & \overset{\text{gr}}{1},17 \\
\text{Oxygène} \dots\dots\dots\dots\dots\dots\dots & 0,00 \\
\text{Azote par différence} \dots\dots\dots\dots & 98,83 \\
\hline
& 100,00
\end{array}
$$

Tout l'oxygène avait donc disparu et il n'y avait qu'une très-
faible quantité de gaz acide carbonique. D'où provenait-elle? Il
ne me paraît pas douteux qu'il faille l'attribuer à la vie de la
plante qui, à la manière de la plupart des êtres inférieurs, absorbe du gaz oxygène et exhale du gaz carbonique. La proportion de gaz carbonique qui a pris naissance est bien en rapport
avec celle des principes qui se sont assimilés pour nourrir le
mycoderme dont le poids était extrêmement faible.

Je dois cependant faire observer dès à présent que la combustion dont la plante est le siége peut aller quelquefois jusqu'à
la transformation de l'alcool en vapeur d'eau et en gaz acide
carbonique. Il ne serait donc pas impossible qu'une fraction de
l'acide carbonique eût une autre origine que celle qui résulte-
rait de la modification des principes mis en œuvre par la vie de
la plante pendant son développement. Cela est peu probable
dans l'expérience que je viens de rapporter, tant est faible la
proportion du gaz acide carbonique formé.

Le 5 mars, l'acidité totale du liquide a été trouvée égale à
2^{gr},2 d'acide acétique, tandis qu'au moment où il a été placé
dans la fiole le liquide renfermait seulement 1^{gr},1 de cet acide.
Si l'on calcule la quantité totale d'acide acétique qu'aurait dû

former l'oxygène de la fiole en le supposant utilisé à changer l'alcool en acide acétique, la portion de cet acide aurait dû être supérieure à la différence de $2^{gr},2$ à $1^{gr},1$. C'est qu'une partie de l'oxygène est employée à faire autre chose que de l'acide acétique : des produits neutres, de l'aldéhyde, etc.... Mais l'acide acétique est le produit dominant. Cependant ce n'est pas le seul acide qui se forme. J'ai lieu de croire que l'acide succinique est toujours au nombre des produits de la fermentation acétique (1).

§ IV. — *Acétification sans matière albuminoïde. — Développement du* mycoderma aceti *à l'aide de sels ammoniacaux et de phosphates alcalins et terreux. — Preuves évidentes de la nature organisée du ferment.*

Quel a été le rôle des principes de l'eau de levûre dans l'expérience dont j'ai parlé au paragraphe précédent? On peut démontrer, quoique d'une manière indirecte, qu'ils ont fourni au mycoderme les aliments azotés et minéraux nécessaires à son développement.

Si l'on sème une trace impondérable de *mycoderma aceti* à la

---

(1) Voici le moyen de s'en assurer. Afin d'éviter les difficultés qu'amènerait nécessairement dans la recherche de l'acide succinique dû à la fermentation acétique la présence de celui que renferment naturellement le vin, la bière, le cidre, etc., il faut préparer du vinaigre à l'aide d'alcool pur et de phosphates, sans addition de liqueurs fermentées brutes. (*Voir* le § IV ci-après.)

Le vinaigre ainsi formé est évaporé : 100 centimètres cubes suffisent largement pour cet essai.

Le résidu renferme des matières extractives diverses que je n'ai point étudiées. Toutefois cette circonstance montre la complication de cette fermentation en apparence si simple. Il y a longtemps que j'ai fait observer que les fermentations étaient des actes chimiques aussi complexes que ceux de la vie.

Si l'on traite le résidu par un mélange d'alcool et d'éther, et qu'on abandonne la liqueur filtrée à une évaporation spontanée, dès le lendemain on aperçoit sur les parois du vase une quantité assez notable de cristaux d'acide succinique.

surface d'un liquide qui ne renferme d'autre matière azotée que du phosphate d'ammoniaque, la plante ne tarde pas à recouvrir toute la surface du liquide, empruntant son carbone à l'alcool ou à l'acide acétique, son azote à l'ammoniaque, ses principes minéraux aux phosphates, et l'acétification a lieu. Toutefois la plante n'a pas la même vigueur que dans le cas où elle a à son service des matières albuminoïdes. Le voile est moins ferme, plus délicat, plus sec, si je puis m'exprimer ainsi, quoique d'une continuité parfaite. La plante paraît renfermer moins de matières grasses que dans les circonstances ordinaires. Ainsi le voile se troue si l'on plonge une baguette de verre dans le liquide, et les bords déchirés ne se rejoignent pas quand on retire la baguette, circonstance qui ne se présente pas, en général, lorsqu'il s'agit d'un voile formé dans les conditions ordinaires.

Je prépare un liquide renfermant par litre, outre l'eau distillée :

Acide acétique cristallisable ...	12,75 gr
Alcool absolu.	22,50 cc
Phosphate d'ammoniaque.	0,2 gr
Phosphate de magnésie	0,1
Phosphate de potasse.	0,1
Phosphate de chaux	0,1

Ces proportions peuvent changer du reste dans des limites assez grandes.

Le 9 avril 1862, à 3 heures de l'après-midi, je place 2 litres de ce liquide dans une cuve en gutta-percha (de 45 centimètres de largeur sur 50 de longueur), et je dépose à sa surface une trace de *mycoderma aceti*.

Le lendemain et le surlendemain, le développement de la plante n'est pas encore sensible. Le 12, toute la surface est couverte d'un voile doux, homogène, d'une minceur excessive, sans aucune solution de continuité. On aperçoit déjà sur le couvercle de verre qui recouvre la cuve une condensation de vapeur d'eau indiquant une élévation de température du liquide. L'odeur est acétique avec quelque chose d'agréable qui annonce des principes éthérés.

Le 12, à 9 heures du matin, 1 litre du liquide renferme $21^{gr},2$ d'acide acétique, au lieu de 12,75 qu'il y avait à l'origine. Le 12, à midi, il y en a 24,1. Ainsi, en trois heures, il s'est formé $2^{gr},9$ d'acide par litre, soit $5^{gr},8$ pour les 2 litres. Ce serait une acétification de $46^{gr},4$ d'acide en vingt-quatre heures.

Le 12, à midi, j'ai rajouté 70 centimètres cubes d'alcool à 90 degrés. Ces additions d'alcool doivent toujours se faire avec ménagement. Si l'on verse de l'alcool à fort titre dans une cuve en acétification, sans précaution particulière, l'alcool, plus léger, se répand à la surface du liquide et tue le voile, quelquefois instantanément. Il faut retirer une portion du liquide de la cuve à l'aide d'un siphon sans déchirer le voile, ce qui est facile si le siphon plonge au fond de la cuve, parce que le voile descend sans se briser au fur et à mesure que le liquide s'écoule. On mêle l'alcool au liquide qui a été retiré de la cuve, et on rajoute ensuite la totalité de ce liquide à l'aide d'un entonnoir qui débite peu. Le voile se soulève également sans déchirure.

L'addition des 70 centimètres cubes d'alcool à 90 degrés a un peu ralenti l'acétification, qui avait repris le soir assez activement. Le voile continue de se développer. Le 13, il se montre tout plissé. Du 12 au 13, il s'est formé 40 grammes d'acide acétique. Le 13, après avoir constaté une odeur d'acétification des plus vives et une condensation considérable de vapeur d'eau, je rajoute 30 centimètres cubes d'alcool à 90 degrés. Le 15, à 8 heures du matin, il y avait $126^{gr},8$ d'acide acétique dans la

cuve et un volume total de $2^{lit},020$, ce qui correspond à 80 centimètres cubes d'évaporation. L'opération m'ayant paru terminée, parce que l'acétification n'avait été que de quelques
grammes du 14 au 15, j'ai mis fin à l'essai. Le poids calculé
d'acide acétique, correspondant au poids d'alcool employé,
ajouté à celui de l'acide acétique cristallisable dissous à l'origine dans le liquide, forme un total de 165 grammes. La différence à $126^{gr},8$ est de $38^{gr},2$. C'est une perte de 23,2 pour 100
tant par évaporation que par déviation du phénomène chimique indiqué par l'équation

$$C^4H^6O^2 + 4O = 2HO + C^4H^4O^4,$$

équation qui ne se vérifie jamais complétement, parce que la
combustion de l'alcool est plus complexe que ne l'indique cette
équation et qu'il se forme, outre l'acide acétique, d'autres produits acides et neutres. Aussi l'odeur d'une cuve en fermentation acétique est toujours un peu mêlée, bien que celle de
l'acide acétique domine. Je donnerai même des exemples de
combustion où tout l'alcool passe à l'état de ces produits suffocants qui provoquent le larmoiement et que fournit la combustion de l'alcool et de l'éther dans certaines circonstances, par
exemple sous l'influence d'une spirale de platine incandescente
dans une expérience bien connue.

En résumé, l'essai qui précède démontre avec une entière
rigueur que le *mycoderma aceti* peut prendre naissance sans
avoir à sa disposition d'autre aliment carboné que l'alcool ou
l'acide acétique, ni d'autre aliment azoté et minéral que de
l'ammoniaque et des phosphates cristallisables, et il faut en conclure que dans tous les cas de fermentation acétique indus-
trielle, les matières albuminoïdes, loin de constituer le ferment
acétique, n'en sont que l'aliment. On sait qu'elles sont toujours

associées à des phosphates. C'est toujours la condamnation de l'ancienne théorie des fermentations (1).

§ V. — *Procédé des copeaux de hêtre.*

Le procédé d'acétification par les copeaux de hêtre, si répandu en France et en Allemagne depuis plus de vingt années déjà, a singulièrement accrédité les erreurs que je combats dans ce Mémoire. On sait que ce procédé consiste à faire écouler lentement dans des tonneaux remplis de copeaux de hêtre, rassemblés sans ordre ou disposés par assises après avoir été roulés comme des ressorts de montre, de l'alcool étendu d'eau de manière à ne plus marquer que 8 à 12 degrés à l'alcoomètre, et additionné de quelques millièmes d'acide acétique. Des ouvertures pratiquées dans la paroi du tonneau et dans un double fond sur lequel reposent les copeaux permettent l'accès de l'air qui monte dans le tonneau, comme il ferait dans une cheminée, en cédant tout ou partie de son oxygène à l'alcool pour le convertir en vinaigre.

Les copeaux, dit-on, agissent comme corps poreux, à la façon du noir de platine. Cette manière de voir paraît d'autant plus certaine que, dans diverses fabriques, l'alcool que l'on emploie provient de flegmes, c'est-à-dire d'alcool de distillation qui ne renferme pas de substances albuminoïdes. Quant aux matières

---

(1) Les faits qui précèdent prouvent surabondamment que l'assertion de Chaptal, rappelée en note à la page 46, est exagérée. Le vin le mieux dépouillé n'est pas privé de tout principe extractif, et, le serait-il, qu'il renfermerait encore des phosphates et des sels alcalins et terreux. Il est donc toujours propre à servir au développement du *mycoderma aceti*. Seulement il est d'autant moins propre à nourrir les mycodermes, et particulièrement le *mycoderma vini*, qu'il est plus dépouillé de ses principes extractifs.

que les copeaux eux-mêmes pourraient céder au liquide, leur participation dans le phénomène est évidemment nulle, puisque ces copeaux ont une durée pour ainsi dire indéfinie. Ce n'est que tout à l'origine que l'on pourrait croire à une influence directe de quelques-uns de leurs principes solubles. Mais ce n'est là qu'un accident.

N'oublions pas toutefois de remarquer que la plupart des auteurs s'accordent à dire que la mise en train doit être faite avec addition de 1 à 2 millièmes de levûre de bière ou de vinaigre ordinaire, ou de moût de bière.

Je démontrerai tout à l'heure que les copeaux n'ont qu'un rôle passif dans la fabrication. Ils permettent la division du liquide et ils servent de support au ferment qui est encore ici le *mycoderma aceti*, sous la forme muqueuse. Je ne me dissimule pas cependant que les apparences sont tout à fait contraires à cette opinion. Que l'on se transporte, en effet, dans une fabrique marchant par le procédé allemand, et que l'on y examine les copeaux d'un tonneau en travail depuis plusieurs mois ou depuis plusieurs années, on les trouvera d'une propreté en apparence parfaite. On dirait qu'ils viennent d'être lavés avec beaucoup de soin. Mais vient-on à les racler avec une lame de couteau, et étudie-t-on la raclure au microscope, on ne tarde pas à reconnaître qu'un bon nombre portent à leur surface, au moins par places, une couche à peine sensible de *mycoderma aceti*, qui peut quelquefois se soulever en mince pellicule. Beaucoup de copeaux ne sont pas recouverts de mycoderme, même dans les tonneaux qui marchent le mieux. Je crois que ces copeaux sont tout à fait inutiles, si ce n'est pour diviser le liquide ; et je m'explique les différences considérables que l'on observe entre l'activité du travail des tonneaux de diverses fabriques, ou même des tonneaux voisins dans une même fabrique, par ces lacunes plus ou moins prononcées dans le développement de la plante à la surface des copeaux.

L'utilité de l'emploi des copeaux de hêtre tient si peu, selon moi, à leur nature propre, que je ne doute pas que l'on pourrait les remplacer par les matières les plus diverses, voire même par des fragments de verre ou de porcelaine, à la seule condition toutefois que les substances dont on se servirait seraient propres à retenir adhérentes à leur surface le *mycoderma aceti*, ce qui ne serait peut-être pas le cas du verre ou de la porcelaine. Je ne cite ces corps que pour mieux rendre ma pensée et le peu de confiance que j'attache aux idées généralement admises par les chimistes et les fabricants.

Il ne faudrait pas croire néanmoins que l'on dût s'arranger de façon que la plante prît le plus de développement possible.

J'ai eu à ma disposition des copeaux, rassemblés depuis plusieurs années dans un grenier, que l'on avait dû mettre hors d'usage parce que le travail était devenu impossible par leur emploi. Le fabricant ne savait à quoi attribuer la mauvaise qualité de ces copeaux. Or, en les faisant détremper dans l'eau pendant quelques heures, je vis qu'ils étaient tous recouverts sur leurs deux faces d'une couche grasse au toucher, que je reconnus être le *mycoderma aceti*.

Dans une autre fabrique on avait dû vider des tonneaux. parce que le travail d'acétification s'était arrêté, et l'on avait trouvé, surtout à la partie inférieure, des masses gélatineuses qui n'étaient autre chose que de la mère de vinaigre.

Les faits que je viens de passer en revue n'étaient guère propres à éclairer la véritable cause des phénomènes. D'une part, on n'apercevait pas le mycoderme à la surface des copeaux lorsque le travail de la fabrique était régulier; d'autre part, il y avait quelques rares circonstances dans lesquelles on avait pu reconnaître que la mère du vinaigre, accidentellement fort développée, avait mis obstacle à l'acétification.

Mieux renseignés tout à l'heure sur la véritable théorie de l'opération, nous pourrons conclure que la plante ne doit pas prendre un développement exagéré. Il est certain que si elle se multiplie au point de boucher le passage de l'air dans les interstices des copeaux, la fermentation s'arrêtera forcément. Sans aller jusque-là, une trop grande abondance de mycoderme à la surface des copeaux peut rendre le travail d'acétification si actif, que la perte d'alcool devient considérable, ou que la trop grande chaleur développée tue la plante. Dans les conditions normales, la perte en alcool est déjà fort sensible, souvent de 3o à 4o pour 1oo ; c'est même là l'écueil à éviter dans ce mode de fabrication.

Mais j'ai hâte de démontrer expérimentalement la donnée fondamentale de la théorie que je viens d'exposer, à savoir : que les copeaux n'ont d'effet utile qu'autant qu'ils sont recouverts de *mycoderma aceti*.

A cet effet, j'ai disposé dans une étuve, à la température de 28 à 3o degrés, un tube de verre cylindrique de 5 à 6 centimètres de diamètre (*fig.* 7), d'une longueur de 1 mètre environ, rempli de copeaux de hêtre de fabrique. Un bouchon placé à l'extrémité supérieure porte une pipette disposée comme l'indique la figure, et qui laisse couler goutte à goutte, très-lentement, un liquide alcoolique et acétique d'un titre acide déterminé. Une rainure longitudinale est pratiquée sur le bouchon pour la sortie de l'air qui entre par le tube fixé au bouchon de l'extrémité inférieure du gros tube à copeaux. Le petit tube, qui donne accès à l'air et par lequel s'écoule le liquide en expérience, est taillé en biseau, afin que la goutte de liquide toujours prête à tomber n'obstrue pas le passage de l'air.

Ces dispositions permettent un écoulement de liquide aussi lent qu'on le désire. Elles réalisent assez bien toutes les condi-

Fig. 7.

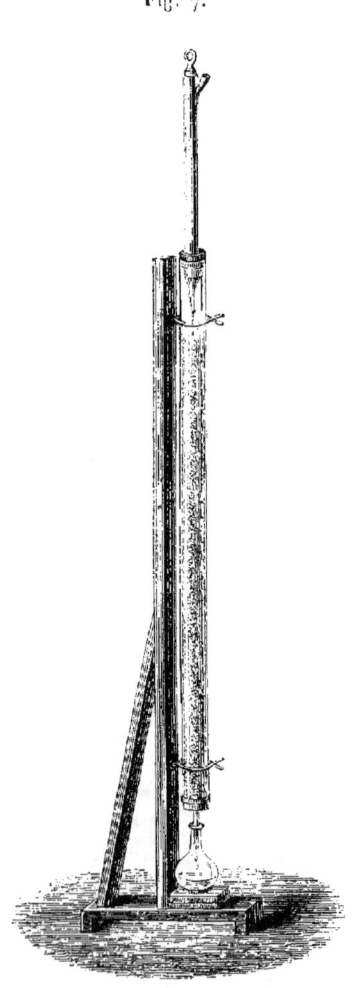

tions du travail des fabriques. Afin de rechercher si les copeaux peuvent par eux-mêmes acétifier l'alcool à la température de

3o degrés, il suffira de comparer le titre acide du liquide supérieur avec celui du liquide inférieur.

C'est par des expériences de cette nature que j'ai reconnu que des copeaux privés de mycoderme peuvent recevoir pendant plusieurs jours de l'alcool rendu acide par un peu d'acide acétique, sans qu'il y ait la moindre augmentation du titre acide que l'on trouve au contraire un peu diminué à la partie inférieure par suite de l'évaporation sous l'influence du courant d'air. Des liquides alcooliques et acétiques, mêlés de phosphates ou tenant en solution des matières albuminoïdes, se comportent de la même manière tant que la plante n'est pas née *spontanément* sur les copeaux, et souvent elle n'apparaît qu'au bout de plusieurs jours. Mais si l'on trempe les copeaux dans un liquide où il existe du *mycoderma aceti* à l'état muqueux, dont quelques parties restent attachées aux copeaux lorsqu'on les retire du liquide, puis que l'on fasse écouler ensuite sur ces copeaux un liquide alcoolique, dans tous les cas l'acétification se déclare sur-le-champ et persiste durant plusieurs jours, même après qu'on a remplacé le liquide albumineux ou phosphaté par un liquide alcoolique pur étendu d'eau distillée pure. Ce dernier fait est digne d'attention, car il prouve que la plante met un certain temps à perdre la structure qui lui donne son pouvoir acétifiant, alors même qu'on lui refuse des aliments appropriés à son développement.

J'ai confirmé ces résultats par des expériences qui me paraissent tout aussi démonstratives que les précédentes. En tendant une corde suivant l'axe d'un tube cylindrique en verre et laissant écouler le long de cette corde de l'alcool à titre très-faible, je n'ai jamais vu l'alcool s'acétifier. Mais en trempant la corde dans un liquide en voie d'acétification recouvert de *mycoderma aceti*, lequel s'attache en partie à la corde lorsqu'on la retire, l'acétification se déclare dès qu'on fait écouler le long de la corde un liquide alcoolique. Si ce liquide n'est pas composé de façon à permettre le développement de la plante sur la corde, l'acétification se maintient pendant un certain temps jusqu'à ce que la plante soit morte, ou mieux jusqu'à ce qu'elle ait perdu la structure, le mode d'agrégation de ses parties qui lui donne sa vertu de fixation de l'oxygène de l'air. Mais si le liquide alcoolique renferme des matières azotées et des phosphates, la plante se multiplie sur la corde, et son action chimique peut être longtemps prolongée.

Ces expériences établissent, ce me semble, l'absolue nécessité du *mycoderma aceti* à la surface des copeaux pour que l'acétification soit possible. Elles jetteront beaucoup de lumière sur la fabrication de l'acide acétique à l'aide des copeaux, fabrication qui ne laisse pas que d'être capricieuse.

Je suis disposé à croire que le travail est le meilleur lorsque le développement du mycoderme est assez faible pour que les copeaux paraissent au toucher n'en être pas recouverts. Le danger est qu'il y en ait trop peu, et qu'une grande partie des copeaux n'agissent pas. Toutefois il est probable qu'avec la dimension que l'on donne ordinairement aux tonneaux, il faut garder une certaine mesure; car si tous les copeaux intervenaient, l'action serait peut-être beaucoup trop énergique. Comment faut-il faire pour que le mycoderme existe dans la proportion convenable? Je crois qu'à cet égard le fabricant doit porter toute son attention sur la composition des liquides qu'il veut acétifier, c'est-à-dire sur la quantité et la qualité plus ou moins bien appropriée des matières qui peuvent servir d'aliments à la multiplication de la plante. Si l'on se sert du moût de bière, du vin, des jus d'orge ou de grains saccharifiés et fermentés, on se trouvera dans les conditions d'un développement facile et rapide de la plante. Le travail sera difficile, parce qu'il arrivera promptement à s'exagérer, et peut-être à la combustion partielle de l'acide acétique. Avec des flegmes, au contraire, sans mélange de matière azotée ni de substances minérales, l'acétification ne tardera pas à devenir impossible, et même elle ne prendrait pas naissance si dès le début on avait fait usage d'un pareil liquide.

C'est entre ces deux extrêmes qu'il faut se tenir. Il doit y avoir constamment dans le liquide un peu de matière albuminoïde pour servir d'aliments à la plante, ou tout au moins un sel d'ammoniaque et des phosphates alcalins et terreux. S'il existe, comme je l'ai entendu dire, des fabriques où l'on n'utilise que des flegmes étendus d'eau pour alimenter les cuves, je ne doute pas que la plante ne trouve ses aliments dans les sels d'ammoniaque, dans les phosphates et peut-être aussi dans les matières organiques de l'eau commune que le fabricant ajoute forcément aux flegmes afin d'en diminuer le titre pour les ramener au degré voulu par l'acétification. Aussi je suis porté à croire que, dans ce cas, l'addition directe de phosphates rendrait de grands services.

Je n'hésite pas cependant à reconnaître que les considérations que je viens de présenter devraient être soumises à un contrôle expérimental, et je l'aurais fait si j'avais pu disposer dans une fabrique, de tonneaux d'acétification, et les soumettre à des essais variés. C'est un travail facile que les industriels intelligents peuvent entreprendre sans peine dès qu'ils se seront familiarisés avec les principes que j'expose dans ce Mémoire. Il y va de l'intérêt de leur industrie. Il me semble que l'on peut aujourd'hui arriver à une sorte de perfection dans ce mode de fabrication par les copeaux de hêtre.

§ VI. — *Combustion de l'acide acétique par le* mycoderma aceti.

On sait depuis très-longtemps, car Van Helmont en parle déjà dans ses écrits, que le vinaigre abandonné à lui-même finit par se détruire complétement. Mais on ne saurait trouver dans les anciens auteurs rien de plus précis que ce qu'a écrit sur ce sujet l'illustre Scheele. Voici les remarques qu'il nous a laissées sur la manière de conserver le vinaigre (1) :

« C'est une chose généralement connue que le vinaigre ne peut se conserver longtemps; qu'il s'altère au bout de quelques semaines, particulièrement dans les chaleurs de l'été ; qu'il devient trouble et se couvre à la surface d'une viscosité épaisse, d'où il arrive que son acidité s'affaiblit de plus en plus et disparaît à la fin entièrement, au point qu'on est obligé de le jeter là.

» Il y a jusqu'à présent quatre procédés connus pour conserver le vinaigre.

» Le premier est de préparer un vinaigre très-acide. De cette manière il se conserve à la vérité plusieurs années; mais comme il y a bien peu de personnes qui travaillent elles-mêmes leur vinaigre, et que la plupart se servent de celui qu'elles trouvent dans le commerce, cette méthode ne pourrait être utile qu'à un très-petit nombre.

» Le second procédé consiste à le concentrer par la gelée. On fait un trou à la croûte de glace, et on met dans des bouteilles ce qui n'a pas été gelé. Cette opération est très-sûre ;

---

(1) *Mémoires de l'Académie royale des Sciences de Stockholm*, 1782. — *Mémoires de Chimie de* Scheele, traduction française; Dijon, 1785.

mais on perd au moins la moitié du vinaigre, quoique la portion qui forme la croûte de glace ne soit presque que de l'eau. Les gens économes n'en feront pas volontiers usage.

» Le troisième procédé est de tenir le vinaigre à l'abri de toute action de l'air, c'est-à-dire dans des bouteilles ou flacons bien bouchés, et qui soient toujours pleins. Le vinaigre se conserve très-longtemps de cette manière; cependant elle est peu en usage, sans doute parce qu'on serait obligé, aussitôt qu'on en aurait employé quelque peu, de remplir tout de suite la bouteille avec du vinaigre pareil et clair d'une autre bouteille, et que, celle-ci restant vide en partie et recevant l'air, le vinaigre y deviendrait trouble et gâté.

» Le quatrième procédé pour conserver le vinaigre est de le distiller ; il se conserve alors plusieurs années, sans que l'air ni la chaleur lui causent aucune altération ; mais comme il est plus cher, il n'y a pas d'apparence qu'on adopte cette méthode, surtout quand on connaîtra celle qui suit, et qui est la plus facile de toutes.

» Il suffit de jeter le vinaigre dans une marmite bien étamée, de le faire bouillir sur un feu vif un quart de minute, et d'en remplir ensuite des bouteilles avec précaution. Si l'on pensait que l'étamage fût dangereux pour la santé, on pourrait mettre le vinaigre dans une ou plusieurs bouteilles, et placer ces bouteilles dans une chaudière pleine d'eau sur le feu ; quand l'eau aurait bouilli un petit moment, on retirerait les bouteilles.

» Le vinaigre ainsi cuit se conserve plusieurs années sans se troubler ni se corrompre, aussi bien à l'air libre que dans des bouteilles à demi pleines ; il remplacerait avantageusement le vinaigre commun chez les apothicaires, pour les vinaigres composés qui deviennent bientôt troubles et perdent par conséquent toute leur acidité, à moins qu'on ne les prépare avec le vinaigre distillé. »

Il serait difficile de présenter des remarques plus justes au sujet de la conservation du vinaigre. Mais quelle est la cause de la disparition de l'acide acétique dans le vinaigre qui est exposé au contact de l'air ?

Je vais démontrer que si le vinaigre perd sa force, c'est uniquement par l'effet d'une combustion lente, et que cette combustion est déterminée par le *mycoderma aceti*, qui, après avoir transformé l'alcool en acide acétique, porte l'oxygène de l'air sur cet acide lui-même, et le réduit complétement à l'état d'eau et d'acide carbonique.

Le 8 novembre 1861, je place dans une grande fiole de verre de $4^{lit},700$ 150 centimètres cubes d'un liquide composé de :

Eau contenant 5 grammes acide acétique cristallisable.   50 cent. cubes.
Eau de levûre de bière   50   »
Eau pure.   50   »

puis je sème à la surface du liquide une trace de *mycoderma aceti* non muqueux, en si petite quantité, que la semence est presque invisible. Les jours suivants, développement lent et très-peu vigoureux de la plante. La pellicule se disjoint par la moindre agitation. J'analyse le gaz de la fiole le 20 novembre. Il renferme 19,8 pour 100 d'acide carbonique et pas la moindre trace de gaz oxygène. L'absorption de ce dernier gaz a été de $1^{gr},306$, et la proportion d'acide acétique de la liqueur avait diminué précisément dans le rapport de cette absorption et de la formation de l'acide carbonique. La pellicule, uniquement formée de *mycoderma aceti*, a pesé sèche 1 centigramme.

Cette expérience démontre deux choses : 1° le *mycoderma aceti* peut vivre et se multiplier sur un vinaigre entièrement privé d'alcool ; 2° il fixe l'oxygène de l'air sur l'acide acétique en transformant son carbone en acide carbonique.

L'essai suivant conduit au même résultat, mais il prouve en outre que le *mycoderma aceti*, après avoir provoqué la combustion de l'acide acétique, peut agir de nouveau sur l'alcool, en le transformant en acide acétique.

Le 26 décembre 1861, je place dans une fiole de 2^{lit},322 150 centimètres cubes d'un liquide formé de :

Eau de levûre de bière...................... 50 cent. cubes.
Eau tenant en dissolution 0^{gr},885 d'acide acétique pur.   10   »

et je sème une trace de *mycoderma aceti* gélatineux. La température de l'étuve était de 25 degrés en moyenne. Le 27, pas de développement sensible de la semence. Le 28, taches mucilagineuses sur toute la surface. Le 29, il est plus développé encore (1).

Le 29, j'analyse le gaz. Il renferme déjà 17,15 pour 100 d'acide carbonique, et seulement 3,49 de gaz oxygène. Le 30, il n'y a plus de gaz oxygène, et la quantité d'acide acétique est réduite à 0^{gr},328. Plus de $\frac{1}{2}$ gramme d'acide acétique a donc été brûlé.

Je renouvelle l'air de la fiole, puis j'ajoute au liquide 2 centimètres cubes d'alcool absolu, après les avoir mélangés à 10 centimètres cubes du liquide de la fiole retirés à l'aide d'un siphon, sans déchirer le voile. J'ai déjà fait observer que l'alcool, s'élevant par sa légèreté spécifique à la surface du liquide, tuait le voile. Il faut toujours le diluer avant de l'ajouter aux liqueurs.

(1) On voit par cet exemple que la forme mucilagineuse de la plante se développe assez facilement sur un liquide acétique, même lorsqu'il est privé d'alcool.

Le 5 janvier, j'étudie de nouveau l'acidité du liquide de la fiole, et, au lieu de 0^{gr},328 d'acide, j'en trouve 1^{gr},740, c'est-à-dire deux fois plus qu'il n'y en avait dans le liquide à l'origine avant la première combustion.

En résumé, le *mycoderma aceti* a la propriété de porter l'oxygène de l'air sur l'alcool pour faire de l'acide acétique, et, tant qu'il y a de l'alcool, l'acide acétique n'éprouve pas de combustion complète ; mais dès qu'il n'y a plus d'alcool dans le liquide, l'oxygène se fixe sur l'acide acétique et le transforme en eau et en acide carbonique. Replace-t-on de l'alcool dans la liqueur, le phénomène change : l'acide est respecté et l'alcool se transforme à nouveau en acide acétique.

Ces faits méritent au plus haut degré d'attirer l'attention. Ils nous offrent le curieux spectacle de petits organismes qui fixent l'oxygène de l'air, tantôt sur un principe (l'alcool), tantôt sur un autre (l'acide acétique), exclusivement sur le second si le premier est absent, exclusivement sur le premier malgré la présence du second, tant que le premier ne fait pas défaut.

Pourrait-on rencontrer un exemple de combustion plus voisin de la combustion respiratoire, qui s'effectue, elle aussi, par de petits organismes, les globules du sang ? Nous voyons également dans ce dernier phénomène tel principe brûlé complétement et ramené à l'état d'eau et d'acide carbonique, tel autre s'arrêter à un degré de combustion intermédiaire, comme il arrive pour l'urée et l'acide urique.

Mais la comparaison peut aller plus loin, et de même que dans certaines circonstances les globules du sang deviennent malades et que les matériaux de l'économie ne sont plus comburés de la même façon, d'où résultent des produits d'excrétion divers, et par suite des désordres plus ou moins graves, de même nous allons voir nos petits organismes mycodermiques s'altérer dans certains cas si profondément, qu'ils ne pourront même plus porter la combustion de l'alcool jusqu'au terme acide acétique. Quelles importantes et trop souvent dangereuses modifications ne doit pas amener dans l'économie un changement de cet ordre s'appliquant aux globules du sang ! Dans bien des maladies, c'est d'eux que doit procéder tout le mal.

§ VII. — *Altération spontanée dans la structure du mycoderma aceti. — L'alcool peut disparaître sans qu'il soit transformé préalablement en acide acétique.*

On sait que dans l'oxydation de l'alcool ou de l'éther par le noir de platine en fils maintenus incandescents dans des vapeurs de ces liquides, il prend naissance des produits à odeur suffocante et qui excitent le larmoiement au plus haut degré. Ces produits sont encore mal connus. Chose bien curieuse assurément ! le *mycoderma aceti* peut également les fournir. J'en ai eu de nombreux exemples dans le cours de ces recherches. Ils ont toujours coïncidé avec une altération profonde du voile mycodermique, qui paraissait ne plus prendre de nourriture et perdre beaucoup de sa consistance naturelle. Au lieu de conserver son aspect ordinaire, qui a quelque chose d'un peu translucide, il devenait opaque, blanchâtre, blafard, se détachait des bords du vase et était prêt à tomber dans le liquide par lambeaux. On peut à volonté, pour ainsi dire, provoquer de tels changements dans le voile et dans sa manière d'agir sur l'alcool. D'ordinaire, ces changements se manifestent à la suite d'addition d'alcool au liquide en train de s'acétifier, surtout quand on n'a pas eu le soin de diluer l'alcool avant de l'introduire dans les vases.

7

Je vais donner un exemple de ces combustions dévoyées et toutes particulières de l'alcool. Reportons-nous à l'expérience de la page 77. Le 7 mars, j'ai introduit dans le liquide de la fiole 1^{cc},6 d'alcool absolu à 15 degrés délayé dans 40 ou 50 centimètres cubes du liquide en expérience, puis j'ai renouvelé par insufflation d'air nouveau le gaz de la fiole. Cette opération s'est faite à 1^h40^m. Voici les hauteurs du mercure dans le tube manométrique, hauteurs qui donnent une mesure de l'absorption de l'oxygène :

Le 7 Mars.

h m	cent.
3.40	0,6
5.40	2,2
7.40	2,7
10.40	3,2

Le 8 Mars.

8. 0 Matin	5,3
4. 0 Soir	5,6
8. 0	6,2

Le 9 Mars.

8. 0 Matin	7,5
11. 0	7,6

Le 10 Mars.

8. 0 Matin	8,4

Le 11 Mars.

Midi	8,4

On voit par ces résultats qu'après l'addition de l'alcool et pendant les deux premières heures l'absorption d'oxygène a été assez rapide, puis elle a diminué en intensité et en vitesse, et a été s'affaiblissant de plus en plus les jours suivants. Pendant tout ce temps du 7 au 11, le voile n'a paru prendre aucun développement. Le 11, j'ai ouvert la fiole. Le gaz qui y était contenu avait une odeur suffocante provoquant le larmoiement. Quant à la quantité totale d'acide contenue dans le liquide, je l'ai trouvée égale à $2^{gr},46$ au lieu de $2^{gr},2$ qu'elle était auparavant, ainsi qu'on l'a vu page 79. En d'autres termes, la quantité d'acide acétique formée n'était nullement en rapport avec la proportion d'oxygène fixée et accusée par l'ascension de la colonne de mercure. L'oxygène absorbé avait donc été employé à faire tout autre chose que de l'acide acétique, et notamment ces produits aldéhydiques à odeur suffocante.

Le 11 mars, voulant reconnaître si le voile était mort et sans action possible sur l'oxygène et l'alcool, j'ai renouvelé l'air de la fiole, et j'ai rajouté sous le voile 100 centimètres cubes d'eau de levûre tenant en dissolution 3 centimètres cubes d'alcool à 90 degrés. Aucune combustion quelconque ne s'est manifestée. Examiné au mycroscope, le voile était formé par les chapelets d'articles du *mycoderma aceti*, mais les articles paraissaient altérés, fanés, et çà et là on voyait des espèces de globules graisseux que j'ai retrouvés souvent dans des cas analogues.

L'addition au liquide alcoolique en voie d'acétification de substances diverses autres que l'alcool a souvent amené dans le *mycoderma aceti* le genre d'altération dont je parle; par exemple, lorsque j'ai ajouté à la liqueur de petites quantités d'esprit de bois. Le voile meurt et les produits suffocants se montrent pendant les quelques jours où la plante, avant de périr complétement, est en quelque sorte malade.

Les expressions dont je me sers en ce moment pour caractériser l'état du voile mycodermique ne signifient pas du tout que je lui attribue une action physiologique. Je crois que sa fonction de transport de l'oxygène de l'air sur l'alcool, l'acide acétique, etc., tient à sa structure propre, et que c'est cette structure qui peut être modifiée par telle ou telle circonstance particulière et exceptionnelle.

§ VIII. — *Le mycoderma aceti submergé n'acétifie pas, alors même qu'il continue de vivre et de se multiplier.*

Nous avons reconnu qu'il était facile de suivre le progrès de l'acétification en disposant les expériences en vases clos de manière à pouvoir évaluer à chaque instant l'absorption de l'oxygène par la diminution de pression de l'air renfermé dans les vases.

Considérons dès lors un essai pareil à celui de la page 78. Le voile est formé, il fixe l'oxygène, et le mercure s'élève progressivement à vue d'œil dans le tube manométrique. Que l'on agite alors légèrement la fiole pour détacher le voile et le submerger. L'acétification accusée par l'ascension du mercure s'arrêtera sur-le-champ, et si le voile se reforme les jours suivants, ce qui arrivera à peu près inévitablement, l'acétification reprendra dès que la plante commencera à recouvrir la surface du liquide.

Deux circonstances sont réunies ici pour empêcher la continuation d'action de la plante dans les conditions précédentes. Sa structure physique change puisqu'elle est tout à coup recouverte par le liquide. En outre, elle n'a plus à son service que la très-faible proportion d'oxygène qui est en dissolution dans le liquide. Il est même très-probable que cette faible proportion d'oxygène est exclusivement employée pour le développement ultérieur du mycoderme qui continue de vivre, quoique submergé, ainsi que j'ai déjà eu l'occasion de le dire en traitant de l'état muqueux du *mycoderma aceti*.

Je choisirai parmi les expériences que j'ai faites à ce sujet un exemple propre à montrer tout à la fois, et la possibilité du développement de la plante dans l'intérieur des liquides, et l'absence d'acétification dans ces conditions. Cet exemple prouvera également que le mycoderme détermine l'acétification, bien qu'à l'état muqueux, pourvu qu'il soit à la surface du liquide en contact avec l'air atmosphérique.

Le 15 mars 1862, je place dans une chambre-étuve, à la température de 24 à 25 degrés, une cuve de gutta-percha couverte d'une lame de verre, renfermant 2 litres d'un liquide composé de :

> Vinaigre ancien............... 400^{cc}
> Alcool à 90 degrés 70
> Le complément à 1 litre en eau de levûre de bière.

Cette eau de levûre renfermait $\frac{3}{1000}$ de son poids de matières solides empruntées à la levûre. Les 400 centimètres cubes de vinaigre renfermaient de nombreux articles de *mycoderma aceti* destinés à servir de semence.

Le 17, à midi, pas de voile, pas d'acétification. Le titre acide du liquide est le même qu'à l'origine, 1^{gr},09 pour 100 d'acide.

Le 18, le fond de la cuve est couvert d'un voile muqueux formant une sorte de peau continue quoique encore très-peu épaisse. En passant sur le fond de la cuve une baguette de verre ou mieux de bois un peu rugueux, on soulève cette membrane. Il n'y a pas du tout de voile à la surface du liquide, mais çà et là cependant on aperçoit des gouttes translucides que l'on peut retirer sous la forme de larmes gélatineuses. Je mesure l'acidité du liquide. Elle est de 1,11 acide acétique pour 100.

Le 19, même état de développement de la plante dans l'intérieur du liquide et des noyaux muqueux de la surface. Titre acide, 1,25 pour 100.

Le 20, les taches muqueuses de la surface, plus nombreuses, se tiennent partout les unes aux autres sous forme d'une peau gélatineuse très-translucide, encore peu consistante. Titre acide, 1,59 pour 100.

Le 21, commencement de voile ordinaire à la surface qui s'agrandit peu à peu le 21 et le 22. Le 20, le titre acide est de 4,4 pour 100. L'acétification est terminée.

Cet exemple nous montre que l'acétification est pour ainsi dire nulle tant que la plante est submergée, bien qu'elle puisse être alors en voie de rapide développement. Il nous montre également qu'il y a acétification par la plante à l'état muqueux, mais bien moins active que dans le cas d'un voile superficiel, de consistance membraneuse un peu sèche, ou mieux légèrement humide et grasse en apparence; car c'est ce dernier état physique de la plante qui paraît le mieux convenir à une acétification rapide et avec le moins de perte possible. Dans l'exemple qui précède, la perte a été nulle en quelque sorte.

Il est facile de prévoir, d'après ce que je viens de rapporter, que la plante submergée et morte ne peut provoquer la moindre acétification. J'ai conservé bien longtemps au contact de l'air du *mycoderma aceti* en membranes gélatineuses dans des liquides alcooliques à faible titre, sans qu'il y eût fixation du gaz oxygène. Souvent, il est vrai, lorsque l'on suit longtemps de pareils essais, l'acétification se déclare, mais on peut être assuré de trouver alors à la surface du liquide un voile plus ou moins étendu formé aux dépens de principes solubles fournis par la plante, qui peu à peu se seront répandus dans le liquide et en auront fait une solution appropriée au développement *spontané* du mycoderme. Il n'est même pas rare de voir dans ces circonstances le *mycoderma vini* se former de préférence.

Et si l'on a fait dissoudre du sucre dans la liqueur, ce sucre pourra fermenter lactiquement ou alcooliquement, sans doute parce que les ferments propres de ces nouvelles fermentations auront pu prendre naissance spontanément, à l'aide des principes de la mère du vinaigre leur servant d'aliments. On retombe alors dans ces modes d'expérience pratiqués autrefois par M. Colin, et plus récemment par d'autres Chimistes, dans lesquels les fermentations sont déterminées par les matières azotées les plus diverses, sans que celles-ci agissent par elles-mêmes, mais seulement à titre d'aliments des véritables ferments.

§ IX. — Mycoderma aceti *envisagé comme parasite du* mycoderma vini.

Les principes solubles et insolubles du *mycoderma vini* peuvent devenir un aliment pour le *mycoderma aceti* dans certaines circonstances faciles à reproduire et qui me paraissent dignes d'intérêt au point de vue physiologique.

Je suppose que l'on fasse développer le *mycoderma vini* à la surface de vin pur ou étendu d'eau, de bière, etc., et que l'on enlève le liquide après le développement du voile mycodermique pour le remplacer par de l'eau distillée additionnée de quelques centièmes d'alcool pur. Cette manipulation peut s'effectuer facilement sans déchirer le voile de la plante. Dès que la substitution du nouveau liquide à l'ancien a eu lieu, l'acétification se manifeste et va croissant avec le temps.

Cette expérience est fort curieuse, mais il faut savoir en apprécier toutes les conditions pour ne pas l'interpréter d'une façon erronée.

J'ai reconnu que le *mycoderma vini* a la propriété de fixer l'oxygène de l'air sur l'alcool, sur l'acide acétique, sur les matières hydrocarbonées, les acides organiques, etc., à la manière du *mycoderma aceti*. Mais lorsqu'il provoque l'oxydation de l'alcool, il opère une véritable combustion de tous ses principes, c'est-à-dire que l'alcool se transforme en eau et en acide carbonique.

Il agit de même sur l'acide acétique. La combustion est complète.

Dans l'expérience dont je viens de parler, avant de retirer de dessous le voile de *mycoderma vini* le liquide sous-jacent, l'alcool dissous se transformait donc en eau et en acide carbonique, et également l'acide acétique si le liquide en contenait.

D'autre part, lorsque le *mycoderma aceti* se trouve mêlé au *mycoderma vini*, tous deux agissent pour leur propre compte et comme s'ils étaient isolés. Le premier transforme l'alcool en acide acétique, ou brûle l'acide acétique s'il n'y a pas d'alcool, et le second brûle complétement soit l'alcool, soit l'acide acétique.

On peut donc obtenir les résultats les plus divers et souvent en apparence contradictoires. Si le *mycoderma aceti* est en faible proportion, l'effet du *mycoderma vini* sera prédominant, et l'acidité de la liqueur pourra diminuer, bien qu'il se forme constamment de nouvel acide acétique. Si le *mycoderma aceti* l'emporte, l'acidité du liquide s'accroîtra malgré la combustion partielle de l'acide acétique. Enfin les deux mycodermes peuvent se faire équilibre, et l'acidité dans ce cas peut ne pas changer de titre, le *mycoderma vini* brûlant une proportion d'acide équivalente à celle que forme le *mycoderma aceti* au fur et à mesure de son développement.

Ceci posé, revenons à l'expérience que j'indiquais tout à l'heure. Sur du vin, de la bière, etc., on a fait développer dans une cuve large et peu profonde le *mycoderma vini* en couche continue. A ce moment, d'après les faits que je viens de rappeler, l'alcool dissous se transforme en eau et en acide carbonique, et si le liquide contient en outre de l'acide acétique, il est également brûlé, de telle sorte que l'acidité de la liqueur diminue progressivement et de jour en jour. Enlevons alors le liquide à l'aide d'un siphon sans disloquer le voile, puis rajoutons de l'alcool à faible titre, sans mélange de matières azotées ni de phosphates (1). L'acétification de l'alcool, ai-je dit, se déclare aussitôt, et l'acidité de la liqueur augmente progressivement. Que se passe-t-il donc, et pourquoi cette inversion et cette opposition dans les phénomènes avant et après l'échange des liquides ?

J'ai cru longtemps que, dans tous les cas, le *mycoderma vini* privé d'aliments et se trouvant soumis à des conditions qui altéraient sa structure ne pouvait plus porter la combustion de l'alcool qu'au terme acide acétique et vapeur d'eau et non jusqu'à celui d'acide carbonique et de vapeur d'eau qui lui est habituel. Mais ce n'est là au contraire que l'accident et l'exception. Le plus souvent l'acétification n'est encore que l'effet du *mycoderma aceti*. Comment cela peut-il avoir lieu, puisque j'ai

______

(1) Avant d'introduire l'alcool dilué sous le voile, rien n'est plus facile, si on le désire, de laver celui-ci par de l'eau pure et même à diverses reprises. Malgré ces lavages, il est toujours un peu acide. La plante sécrète des liquides à réaction acide tant que sa vie n'est pas totalement éteinte. C'est déjà un caractère propre à la levûre de bière, qui présente de nombreuses anologies avec le *mycoderma vini*.

supposé que le voile mycodermique était formé par le *mycoderma vini* ?

Dans les conditions particulières dont je viens de parler, le *mycoderma aceti*, dont il est très-rare de ne pas rencontrer au moins quelques articles dans un voile quelconque de *mycoderma vini*, se multiplie aux dépens de ce dernier, qui lui sert de nourriture, avec une facilité extraordinaire ; de là l'acétification de l'alcool. Observe-t-on au microscope le voile de *mycoderma vini* au moment de la mise en train de l'expérience, on le trouvera composé, je suppose, presque exclusivement d'articles de *mycoderma vini*. Il faudra, par exemple, chercher dans plusieurs champs de la goutte placée sur le porte-objet, pour rencontrer un ou deux articles de *mycoderma aceti*. Que l'on renouvelle cette épreuve le lendemain du jour où le premier liquide a été remplacé par de l'alcool pur étendu d'eau, et déjà partout se montreront un grand nombre d'articles de *mycoderma aceti*. Les jours suivants, rien qu'à la vue simple, on pourra constater la disparition graduelle du voile primitivement épais et ridé du *mycoderma vini*, faisant place peu à peu au voile mince, léger, et de poids total beaucoup moindre, de *mycoderma aceti*, parce qu'il y a simultanément combustion de divers principes du *mycoderma vini*. La résorption des articles de ce mycoderme engendre en même temps des substances solubles plus lentes à être comburées et que l'on retrouve libres dans la liqueur. On y rencontre par exemple des matières qui réduisent avec la plus grande facilité, même à la température ordinaire, la liqueur de Fehling.

Il est vraiment très-curieux d'assister à cette transformation et à cette nutrition d'un mycoderme par un autre, et cette circonstance me parait mériter toute l'attention des physiologistes. Il y a là, à mon sens, l'image de la résorption d'un tissu par la production d'un autre, auquel le premier sert d'aliment, et mieux encore peut-être l'image de la formation du pus et de ses globules à l'aide des matériaux du sang ou des principes des tissus voisins.

Quoi qu'il en soit, et c'est là principalement le fait sur lequel je désire appeler en ce moment l'attention du lecteur, dès que, par une circonstance quelconque, le *mycoderma vini*, si fréquent à la surface des liquides fermentés lorsqu'ils sont exposés au contact de l'air, vient à perdre sa vitalité propre, que des aliments appropriés lui font défaut par exemple, le *mycoderma aceti* l'envahit à la façon d'un parasite, vit sur lui et à côté de lui, en assimilant ses principes et en en comburant une partie par l'effet de cette même faculté qui fait de ce mycoderme un agent de combustion partielle ou totale de l'alcool et de l'acide acétique.

§ X. — *Des anguillules du vinaigre. Comment elles nuisent à l'acétification.*

Lorsque je visitai les vinaigreries d'Orléans, afin d'y contrôler les résultats de mes expériences, les fabricants avec lesquels j'eus l'occasion de m'entretenir de leur industrie étaient persuadés que les anguillules que l'on trouve dans le vinaigre d'Orléans lorsqu'il n'a pas été convenablement filtré, et qui pullulent dans tous les tonneaux des celliers, sont nécessaires à la fabrication et à la bonne marche des phénomènes. C'est, comme je vais l'expliquer, une erreur grave, fort préjudiciable à l'industrie orléanaise et qu'il importe de faire disparaître (1). J'ai la persuasion que le travail des mères (ton-

---

(1) Il est bien entendu, cependant, que je ne préjuge pas ici la question de savoir jusqu'à quel point les anguillules pourraient modifier la saveur du vinaigre par les substances qu'elles excrètent.

neaux) dans le procédé d'Orléans est souvent entravé par la présence de ces animaux, dont le nombre, dans chaque tonneau d'une vinaigrerie par le procédé d'Orléans, est extraordinaire. Une partie des maladies auxquelles les mères sont sujettes, et qui entraînent de grandes pertes pour le fabricant, sont dues à ces animalcules.

Je vais essayer de faire comprendre leur influence nuisible en m'appuyant sur les principes que j'ai établis dans ce Mémoire.

Les anguillules ont besoin de gaz oxygène pour vivre. Les faits les plus vulgaires, tels que celui de la mort assez prompte des anguillules dans les flacons bouchés et remplis de vinaigre, me permettraient de le démontrer. Or, nous savons que l'acétification ne se produit qu'à la surface du liquide, dans un voile mince et frèle de *mycoderma aceti* qui se renouvelle sans cesse par parties à la suite de chaque addition de nouveau vin dans les tonneaux de la fabrique. Si nous supposons ce voile bien formé et en travail d'acétification active, tout l'oxygène qui arrive à la surface du liquide est mis en œuvre par la plante. Celle-ci en prive totalement les anguillules situées au-dessous d'elle et nageant dans les couches supérieures du vinaigre. Les anguillules se sentant alors dans l'impossibilité de respirer, et guidées par un de ces instincts dont les animaux à tous les degrés de l'échelle zoologique nous offrent de si curieux exemples, se réfugient sur les parois du tonneau, tout près du niveau du liquide, où elles viennent former une couche humide, blanche, épaisse de plus d'un millimètre, haute de plusieurs centimètres, tout animée et grouillante. Là seulement ces petits êtres peuvent respirer. Mais on doit comprendre qu'ils ne cèdent pas facilement la place au mycoderme. J'ai assisté maintes fois, dans des expériences particulières, à une sorte de lutte qui s'établit entre eux et la plante. A mesure que celle-ci, suivant les lois de son développement, s'étale peu à peu à la surface, les anguillules réunies au-dessous d'elle, et souvent par paquets, paraissent faire effort pour l'entraîner dans le liquide sous la forme de lambeaux chiffonnés. A cet état elle ne peut plus leur nuire, car nous avons reconnu que la plante submergée n'a plus qu'une action à peine sensible.

Je ne rapporterai que l'une de mes expériences. Les autres sont analogues et toutes faciles à reproduire (1).

Le 21 février 1862, j'ai mêlé à 4 litres d'un liquide approprié à l'acétification et placé dans une cuve plate de gutta-percha, 100 centimètres cubes de vinaigre provenant d'un tonneau mère d'une vinaigrerie d'Orléans, chargé d'anguillules. Sans entrer ici dans le détail des particularités offertes par cette cuve, sous le rapport de l'acétification, j'arrive aux circonstances qui concernent plus particulièrement les anguillules et leur influence sur la marche de l'acétification. Pendant les mois de mars et d'avril, multiplication extraordinaire des anguillules, dont le nombre pouvait être évalué à quelques centaines de mille. Le 9 avril, j'enlève 2 litres de vinaigre et je rajoute 2 litres de vin. Le 11, pas de voile mycodermique à la surface du liquide. L'ancien est tombé en lambeaux au fond de la cuve. Les anguillules voyagent partout, distribuées dans les couches supérieures du liquide. Le 13, voile naissant de *mycoderma*

---

(1) Lorsque j'ai commencé l'étude du rôle des anguillules dans la fabrication par le procédé d'Orléans, j'ai dû prier un fabricant de cette ville de m'envoyer du vinaigre qui contînt de ces animalcules.

Bien que mon laboratoire fût rempli depuis plus d'une année de vases renfermant des liquides en voie d'acétification, je n'avais pas encore aperçu une seule anguillule. Cela n'empêchera pas sans doute les partisans endurcis de la génération spontanée des organismes inférieurs de penser que ces petits êtres peuvent venir au monde sans parents semblables à eux lorsqu'il y a concours de circonstances favorables.

aceti sur toute la surface, mais par taches, par lambeaux, avec des intervalles libres. En dessous et dans les portions découvertes, les anguillules voyagent encore et dans toutes les parties de la surface du liquide, au centre comme sur les bords. Mais le 14 au matin, au moment où j'arrive pour constater l'état des choses, tout est changé. Le voile uni et homogène se tient dans ses diverses parties, sans solutions de continuité. En outre, il n'y a plus une seule anguillule dans le liquide, en aucun de ses points; mais, chose curieuse, les rebords de la cuve, plus haut que le niveau du voile et à partir de ce voile, sont recouverts d'une couche blanche jusque-là absente, et toute composée d'anguillules en mouvement, n'ayant d'autre liquide pour imbiber leurs tissus que celui qui monte de la cuve par capillarité dans l'intervalle de leurs corps sinueux.

Le 14, le 15, le 16, acétification très-vive. Les anguillules sont toujours en couche grasse et remuante sur les parois verticales de la cuve. Le 17, nouveau changement. Le voile, qui avait épuisé à peu près son action les jours précédents et acétifié tout l'alcool, est tombé en lambeaux au fond de la cuve, et j'aperçois les anguillules qui, de toutes parts, émigrent dans le liquide. Les 18, 19,..., 25 avril, les anguillules continuent de vivre et de se multiplier dans toutes les parties des couches liquides superficielles. Il n'y en a plus du tout sur les bords de la cuve.

Le 25 avril, je retire 2 litres du vinaigre rempli à profusion d'anguillules, et je rajoute 2 litres de vin, afin d'assister de nouveau à la succession des phénomènes dont je viens de parler.

Le 26, quelques traces de mycoderme apparaissent. Le 27, elles sont plus étendues en surface, et de nouvelles se sont formées. Mais, au-dessous de chacune de ces taches, je vois des paquets d'anguillules qui leur sont comme attachées et comme faisant effort pour entraîner ces portions de voile au fond du liquide. Le 28, même état des choses. Le 29, presque toutes les taches de *mycoderma aceti* ont disparu. N'est-on pas porté à croire, en présence de ces faits, à une sorte d'instinct chez les anguillules qui les porte à détruire la plante capable de les priver d'oxygène? Je ne voudrais rien exagérer, cependant. Je sais que l'homme est ami du merveilleux et s'y complaît volontiers. Il se pourrait que les efforts des anguillules, d'où résulte la destruction du voile, fussent simplement le résultat des mouvements que les anguillules effectuent naturellement pour se débarrasser des obstacles qui les gênent lorsque, par l'effet de la natation, elles se trouvent enchevêtrées accidentellement dans les replis du mycoderme. Peut-être aussi trouvent-elles dans les principes de la plante des aliments mieux appropriés à leur nutrition. La plante disparaîtrait, parce qu'elle servirait d'aliment aux anguillules. Ce qui est certain, c'est que le voile entraîné au fond du liquide par les mouvements des anguillules s'y présente très-souvent sous la forme d'un précipité blanchâtre et pulvérulent, comme si les anguillules avaient séparé la matière glutineuse qui en relie les articles.

Quoi qu'il en soit, nous voyons avec quelle peine un voile de *mycoderma aceti* se multiplie dans certains cas en présence des anguillules. Que ces mêmes faits se réalisent dans un tonneau mère d'une vinaigrerie par le procédé d'Orléans, ce tonneau ne *travaillera* pas et sera dit *malade* ou *tourné*.

Continuons l'examen de notre cuve. Le 30 avril, même état des choses. Le 1ᵉʳ mai, des taches nouvelles sont reformées et occupent une surface totale de 20 centimètres carrés environ. Le 2 mai, pas de développement nouveau des taches qui ont au-dessous d'elles des paquets d'anguillules que l'on dirait toujours occupées à les détruire. Le 3, le 4, rien de nouveau. Le 5, j'aperçois dans un coin de la cuve un voile uni, bien formé, s'étendant sur toute la surface jusqu'au quart environ de la cuve. Or, déjà dans ce coin de la cuve les anguillules ont grimpé en couche épaisse sur les parois des rebords du vase. Peu à peu, les jours suivants, le voile continue de grandir, en chassant devant lui en quelque sorte les anguillules, qui se retirent peu à peu du liquide sans qu'il en reste trace dans le vinaigre de la cuve. Cette fois la plante a de nouveau pris le dessus et vaincu l'animalcule.

En résumé, et si l'on considère les phénomènes dans leur cause prochaine, lorsque le *mycoderma aceti* vient à se développer en couche continue à la surface d'un vinaigre rempli d'anguillules, celles-ci, se sentant privées de gaz oxygène sans lequel leur vie est impossible, émigrent et se réfugient sur les parois des bords de la cuve ou du tonneau. La plante met alors en œuvre à son profit tout l'oxygène qui arrive au contact de la surface du liquide. Sans doute ces anguillules sont très-mal à l'aise sur ces parois du vase, hors du liquide, car si elles y trouvent l'oxygène indispensable à leur existence, elles n'y ont plus qu'en quantité beaucoup trop restreinte pour leur nombre les autres aliments que leur offre le liquide. Aussi, dès que la fixation de l'oxygène par la plante se ralentit ou s'épuise, elles rentrent dans le liquide en faisant tomber au fond la plante qui les gêne toujours en quelque chose, car nous savons qu'elle fixe l'oxygène sur l'acide acétique lorsqu'il n'y a plus d'alcool, très-lentement, il est vrai, si le vinaigre est fort.

Je n'ai pas besoin d'ajouter que tous les faits qui précèdent ou d'autres du même ordre se passent sans cesse dans les tonneaux des vinaigreries d'Orléans. Je l'ai vérifié jusque dans les plus minutieux détails.

Ces particularités curieuses de la fabrication de l'acide acétique par le procédé d'Orléans m'ont donné l'explication d'une pratique qu'emploient journellement les vinaigriers, afin de s'assurer de la marche des mères. Ils introduisent les doigts dans le tonneau par le trou d'air et tâtent avec l'index la paroi verticale du fond. S'ils sentent une humidité grasse, ils disent que le tonneau travaille bien. Ce quelque chose d'humide et de gras n'est autre chose que la couche d'anguillules réfugiées sur les parois du tonneau. C'est là en effet un indice que la surface invisible du liquide doit être recouverte de *mycoderma aceti* en bonne voie de fixation de l'oxygène de l'air.

La condensation de vapeur d'eau sur les parois du tonneau non mouillées par le liquide est également un indice de travail régulier, parce qu'elle accuse une élévation de température des couches de niveau du vinaigre, et conséquemment un bon fonctionnement du voile mycodermique.

Dans tous les cas, on ne peut douter que la plante a constamment auprès d'elle, par la présence des anguillules, un ennemi qu'il faut combattre par tous les moyens possibles. Je sais que, depuis la publication de mes premiers travaux sur ce sujet, les industriels les plus éclairés d'Orléans ont fait revivre une pratique ancienne et tout à fait abandonnée, celle du *soufrage* des tonneaux de temps à autre. L'acide sulfureux tue les anguillules. Mais il faut prendre garde à l'emploi de ce moyen qui pourrait bien, dans certains cas, altérer la qualité du voile mycodermique.

En choisissant de préférence le moment où toutes les anguillules sont réfugiées sur les parois d'un tonneau, on pourrait les tuer en les privant d'air par la fermeture du trou d'air pendant un temps suffisant. La plante, d'une part, les anguillules de l'autre, absorberaient assez promptement la totalité de l'oxygène demeuré libre dans la partie vide du tonneau, ce qui aurait pour effet de faire périr les anguillules. Cette pratique très-simple mériterait d'être essayée. Le voile du mycoderme ne s'altérerait pas sensiblement par la privation d'oxygène durant un certain laps de temps; car nous avons reconnu, page 95 de ce Mémoire, que l'on a pu rajouter de l'alcool sous un voile, et continuer, à son aide, l'acétification, après que le vase eut été une première fois totalement privé d'oxygène.

§ XI. — *Application des résultats des paragraphes précédents* (1).

Les faits d'observation que j'ai exposés dans le travail qui précède m'ont conduit à un nouveau procédé industriel de fabrication du vinaigre que j'ai communiqué à l'Académie des Sciences en 1862.

Je sème le *mycoderma aceti*, ou fleur du vinaigre, à la surface d'un liquide formé d'eau ordinaire contenant 2 pour 100 de son volume d'alcool et 1 pour 100 d'acide acétique provenant d'une opération précédente, et en outre quelques dix-millièmes de phosphates alcalins et terreux, au nombre desquels doit se trouver le phosphate d'ammoniaque. Bien que ces seuls ingrédients puissent servir au développement du mycoderme, il vaut mieux lui fournir, comme je le dirai tout à l'heure, des liquides naturels qui renferment ces phosphates et qui contiennent en outre l'azote nécessaire à la vie du mycoderme sous la forme de matières azotées organiques albuminoïdes. La petite plante se développe et recouvre bientôt la surface du liquide sans qu'il y ait la moindre place vide. En

---

(1) Ce paragraphe résume une communication que j'ai faite à l'Académie des Sciences en 1862.

même temps l'alcool s'acétifie. Dès que l'opération est bien en train, que la moitié, par exemple, de la quantité totale d'alcool employée à l'origine est transformée en acide acétique, on ajoute chaque jour de l'alcool par petites portions, ou mieux encore du vin, ou de la bière alcoolisés, jusqu'à ce que le liquide ait reçu assez d'alcool pour que le vinaigre marque le titre commercial désiré. Tant que la plante peut provoquer l'acétification, on ajoute de l'alcool.

Lorsque son action commence à s'user, on laisse s'achever l'acétification de l'alcool qui reste encore dans le liquide. On soutire alors ce dernier, puis on met à part la plante qui par lavage peut donner un liquide un peu acide et azoté capable de servir ultérieurement.

La cuve est alors mise de nouveau en travail.

Il est indispensable de ne pas laisser la plante manquer d'alcool, parce que sa faculté de transport de l'oxygène s'appliquerait alors, d'une part à l'acide acétique qui se transformerait en eau et en acide carbonique, de l'autre à des principes volatils, mal déterminés, dont la soustraction rend le vinaigre fade et privé d'arome. En outre, la plante détournée de son habitude d'acétification n'y revient qu'avec une énergie beaucoup diminuée. Une autre précaution, non moins nécessaire, consiste à ne pas provoquer un trop grand développement de la plante ; car son activité s'exalterait outre mesure, et l'acide acétique serait transformé partiellement en eau et en acide carbonique, lors même qu'il y aurait encore de l'alcool en dissolution dans le liquide.

Une cuve de 1 mètre carré de surface, renfermant 5o à 1oo litres de liquide, fournit par jour l'équivalent de 5 à 6 litres de vinaigre. Un thermomètre donnant les dixièmes de degré, dont le réservoir plonge dans le liquide et dont la tige

sort de la cuve par un trou pratiqué au couvercle, permet de
suivre avec facilité la marche de l'opération.

Je pense que les meilleurs vases à employer sont des cuves
de bois rondes ou carrées, peu profondes, analogues à celles
qu'on emploie dans les brasseries pour refroidir la bière et
munies de couvercles. Aux extrémités sont deux ouvertures de
petites dimensions pour l'arrivée de l'air. Deux tubes de gutta-
percha, fixés sur le fond de la cuve et percés latéralement de
petits trous, servent à l'addition des liquides alcooliques sans
qu'il soit nécessaire de soulever les planches du couvercle ou
de déranger le voile de la surface.

Les plus grandes cuves que la place dont je disposais m'ait
permis d'utiliser avaient 1 mètre carré de surface et 20 centimètres de profondeur. J'ajoute que les avantages du procédé
ont été d'autant plus sensibles, que j'ai employé des vases de
plus grandes dimensions et que j'ai opéré à une plus basse
température.

J'ai dit que le liquide à la surface duquel je sème le mycoderme devait tenir des phosphates en dissolution. Ils sont in-
dispensables. Ce sont les aliments minéraux de la plante. Bien
plus, si au nombre de ces phosphates se trouve celui d'ammoniaque, la plante emprunte à la base de ce sel tout l'azote dont
elle a besoin; de telle sorte que l'on peut provoquer l'acétification complète d'un liquide alcoolique renfermant environ un
dix-millième de chacun des sels suivants : phosphates d'ammoniaque, de potasse, de magnésie, ces derniers étant dissous
à la faveur d'une petite quantité d'acide acétique, lequel fournit
en même temps que l'alcool tout le carbone nécessaire à la
plante.

Cependant, afin d'avoir un développement plus rapide et un
état physique plus actif du mycoderme, il est bon d'ajouter au

liquide à phosphates une petite quantité de matières albuminoïdes qui offrent l'azote et le carbone, et sans doute aussi une
partie des phosphates sous une forme plus assimilable. J'emploie à cet effet soit de l'eau d'orge, soit de la bière, soit de
l'eau de levûre, ou encore de l'eau de macération des radicelles
d'orge germée.... Le vin, le cidre, tous les liquides fermentés
et même la plupart des jus naturels pourraient être utilisés.
Mais afin que l'on comprenne bien le rôle de ces liquides organiques albumineux, et combien sont erronées les idées qui
avaient cours dans la science sur la prétendue transformation
en ferments des matières albuminoïdes par l'altération de ces
dernières au contact de l'air, je répète que l'on peut facilement
faire développer le *mycoderma aceti* et dans des conditions où
il est capable d'acétifier de grandes quantités d'alcool, en lui
fournissant uniquement, pour aliment azoté, de l'ammoniaque;
pour aliment carboné, de l'acide acétique et de l'alcool; pour
aliments minéraux, de l'acide phosphorique, uni aux principales bases alcalines et terreuses.

S'il s'agit de faire du vinaigre avec du vin, de la bière, des
moûts de grains fermentés, il est inutile d'ajouter des phosphates. Ces liquides en contiennent naturellement dans des
proportions et sous une forme mieux appropriées au développement du mycoderme qu'on ne peut les rencontrer dans un
mélange artificiel. Veut-on transformer, par exemple, le vin en
vinaigre, il suffira de le mêler à du vinaigre d'une opération
précédente, de semer ensuite du mycoderme à la surface du
mélange, en prélevant ce mycoderme sur une cuve en marche
depuis quarante-huit heures ou dans une petite terrine où il
aura été préparé directement à cet usage (1).

____

(1) Dans la fabrique de MM. Breton-Lorion, dont j'ai parlé page 20, ces

A la température de 15 degrés, si la semence est bonne, il faut deux à trois jours au maximum pour que le mycoderme recouvre le liquide à la surface duquel il a été semé, quelles que soient les dimensions de la cuve. Par bonne semence, j'entends une plante jeune, en voie de multiplication, qui se présente au microscope sous la forme de longs chapelets d'articles et non d'amas de granulations, comme cela a lieu quand elle est un peu ancienne et qu'elle a déjà servi pendant plusieurs jours d'agent de combustion. Pour ce qui est de la quantité de la semence, un petit vase de 1 décimètre de diamètre, renfermant 100 centimètres cubes de liquide et recouvert de la plante, suffit pour ensemencer une cuve de 1 mètre carré de surface. On trempe dans ce vase l'extrémité d'une baguette de verre. Le voile du mycoderme s'y attache en partie, et lorsqu'on porte ensuite la baguette dans le liquide de la cuve, il s'en détache et reste à la surface du liquide à ensemencer. On répète cette manipulation tant qu'il y a une portion de voile à la surface du petit vase.

Dans une fabrique en travail, il y aurait toujours de la semence toute prête. Si l'on n'en a pas, il suffit d'abandonner au contact de l'air un liquide alcoolique et acétique de la nature de ceux dont j'ai parlé, pour y voir apparaître le mycoderme dont il s'agit.

Le procédé d'acétification dont je viens de parler offre divers avantages. L'opération se fait dans des cuves couvertes, à une

Messieurs opèrent par discontinuité, c'est-à-dire qu'après l'acétification d'une cuve, celle-ci est lavée et mise en train de nouveau. Ils ne rajoutent pas de vin pendant l'acétification des cuves. Cela m'a paru très-préférable pour l'économie de la main-d'œuvre. Peut-être vaudrait-il mieux agir ainsi, même dans le cas où l'on voudrait monter une fabrique de vinaigre d'alcool, parce qu'il y a toujours à craindre, quand on rajoute du vin et surtout de l'alcool, une altération du voile, si l'on ne prend pas les précautions que j'ai indiquées.

température relativement basse. On dirige à son gré la fabrication. On est à l'abri des inconvénients de la présence des anguillules. Les pertes sont beaucoup moindres que par le procédé des copeaux. Enfin l'acétification, disais-je à l'Académie des Sciences en 1862, est trois à quatre fois plus rapide que par le procédé d'Orléans, toutes choses égales d'ailleurs.

Aujourd'hui, d'après la communication qui m'a été faite par MM. Breton-Lorion, je puis assurer qu'elle est cinq fois plus rapide. Ce chiffre est éprouvé d'ailleurs, ainsi que je l'ai indiqué dans ma Conférence du 11 novembre, sur une fabrication de 12 à 15 hectolitres de vinaigre par jour.

FIN.